U0076918

新觀念伽利略

量子論

改變人類社會的新技術由此而生

人人出版

前言

量子論是一門探討微觀世界的物理學。

大家可能覺得量子論和日常生活沒什麼關係，
但其實我們的周遭隨處可見
量子論所做的貢獻。

例如，從電腦、智慧型手機，
到資訊化社會所不可或缺的各種技術，
都與量子論息息相關。

據說連愛因斯坦一輩子也都在苦思量子論的神奇之處，
量子論完全顛覆了
我們對於「物的存在」的認知。

本書將以簡單易懂的方式
從基礎開始講解量子論的核心部分。

1 「量子論」究竟是什麼？

2 兼具波動與粒子性質的神奇現象

新觀念伽利略

5 應用了量子論的最新技術

附錄

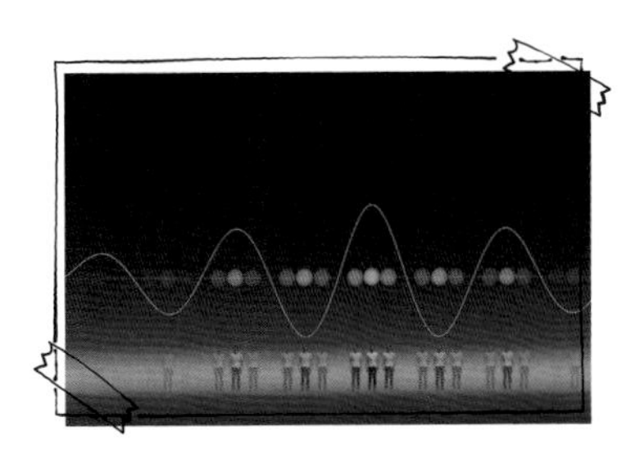

1

「量子論」究竟是什麼？

量子論是解釋微觀世界中各種特定行為的理論。微觀世界會發生許多有違我們常識的現象。究竟是哪些現象呢？這一章將簡單介紹量子論所探討的不可思議的世界。

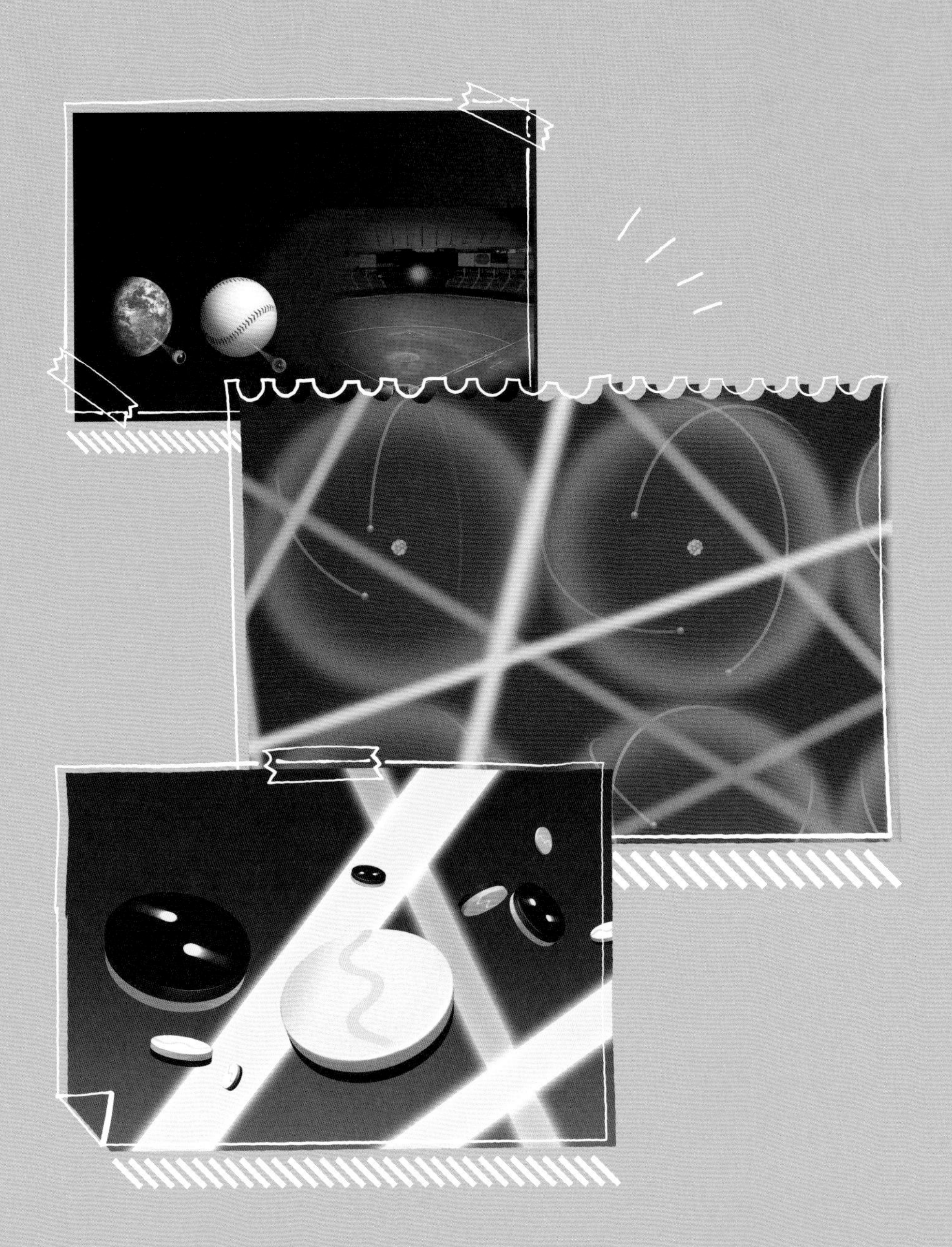

量子論是微觀世界的物理法則

解釋原子、光等所表現出的特定行為

以實際的例子說明原子有多渺小

左邊兩個物體體積的比例大約等同於右邊兩個物體體積的比例。

所有物質都是由「原子」構成的。科學界是到了19世紀末深入研究與原子相關的現象後才得知，微觀的世界與我們在日常生活中所看到的世界是完全不同的。微觀物質※會表現出與我們的常識完全相反的神奇行為。

因此這需要一門新的理論加以解釋，也就是「量子論」。**量子論可說是「解釋在非常渺小的微觀世界中，構成物質的粒子、光等會表現出何種行為的理論」**。

但是，唯有透過量子論才能說明的微觀世界，其實大概只有原子或分子那麼大，也就是約1000萬分之1公釐（10^{-10}公尺）以下。地球與彈珠體積的比例，差不多與棒球及其表面的原子體積的比例相同。這樣應該就能想像原子是何等渺小了。

※：在物理學中，微觀尺度（microscopic scale）介於巨觀尺度（macroscopic scale）和量子尺度（quantum scale）之間。常見的微觀長度單位是微米（10^{-6}公尺，符號μm）。微米是紅外線波長、細胞或細菌大小等的數量級。

「量子論」究竟是什麼？

微觀世界與巨觀世界

我們所經歷到的僅僅是有限尺度中的有限現象

量子論與自然界的尺度

無論探討對象的大小為何，量子論原則上都能適用於自然界所有現象。但具有量子論性質的現象，在微觀世界中特別明顯。當尺度比原子還要小時，會有越來越多現象只能透過量子論加以說明。

量子論有明顯的效果
（微觀世界）

10^{-15}m

10^{-10}m

電子
10^{-18}公尺以下
（大小不明）

原子核
10^{-15}公尺
（約1000億分之1公釐）

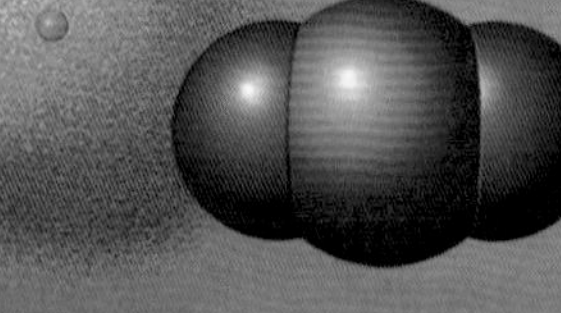

原子、分子
10^{-10}公尺
（約1000萬分之1公釐）

我們日常生活中肉眼所見的世界稱為「巨觀世界」。**量子論適用於自然界所有尺度，不僅限於微觀物質**。但如果將量子論套用於巨觀世界，計算量會變得十分龐大，因此在實際應用上是以量子論以前的物理學（古典物理學※）來探討巨觀世界。量子論與古典物理學對於巨觀尺度做出的解釋幾乎完全相同。

另一方面，也有些「只能用量子論來說明的巨觀世界現象」。例如，金屬是巨觀物質，但其性質是透過量子論研究出來的。

想要理解量子論，要記得「我們所經歷到的，僅是自然界極有限的尺度之中極有限的現象」這項重要的事實。若要說在這種有限的經驗上建立的常識也能適用於微觀世界，恐怕還言之過早。

※：在研討廣義相對論時，古典物理學包含狹義相對論與牛頓物理學。而在研討量子力學時，所謂古典物理學則包括狹義相對論與廣義相對論在內的非量子物理學。

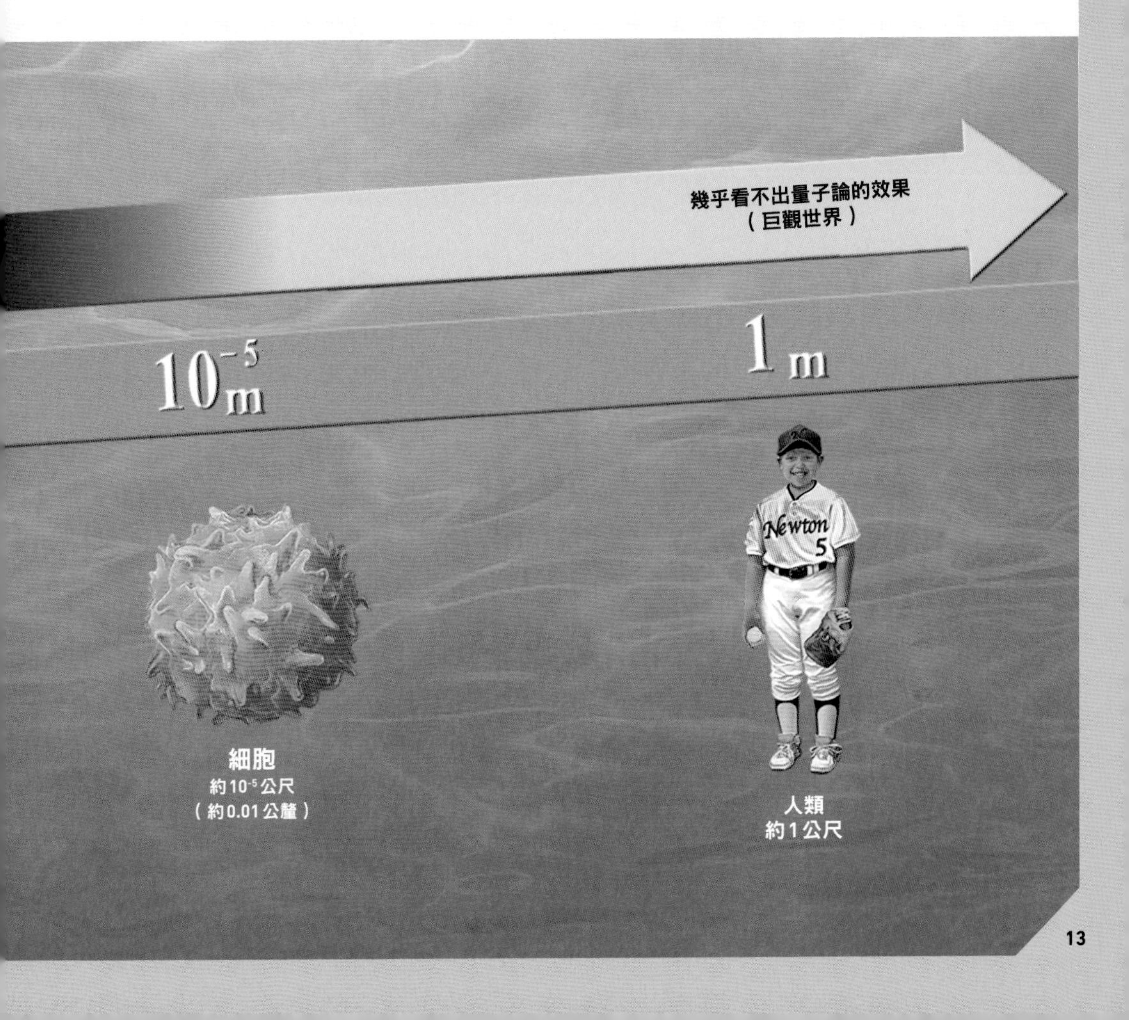

「量子論」究竟是什麼？

相對論與量子論是自然界的兩大理論

相對論探討的是「舞臺」，量子論探討的是「演員」

量子論以及著名的「相對論」同為現代物理學的重要基礎。量子論及相對論都問世於19世紀末至20世紀初，並徹底顛覆了過去的常識。

相對論是出生於德國的天才物理學家愛因斯坦（Albert Einstein，1879～1955）確立的時

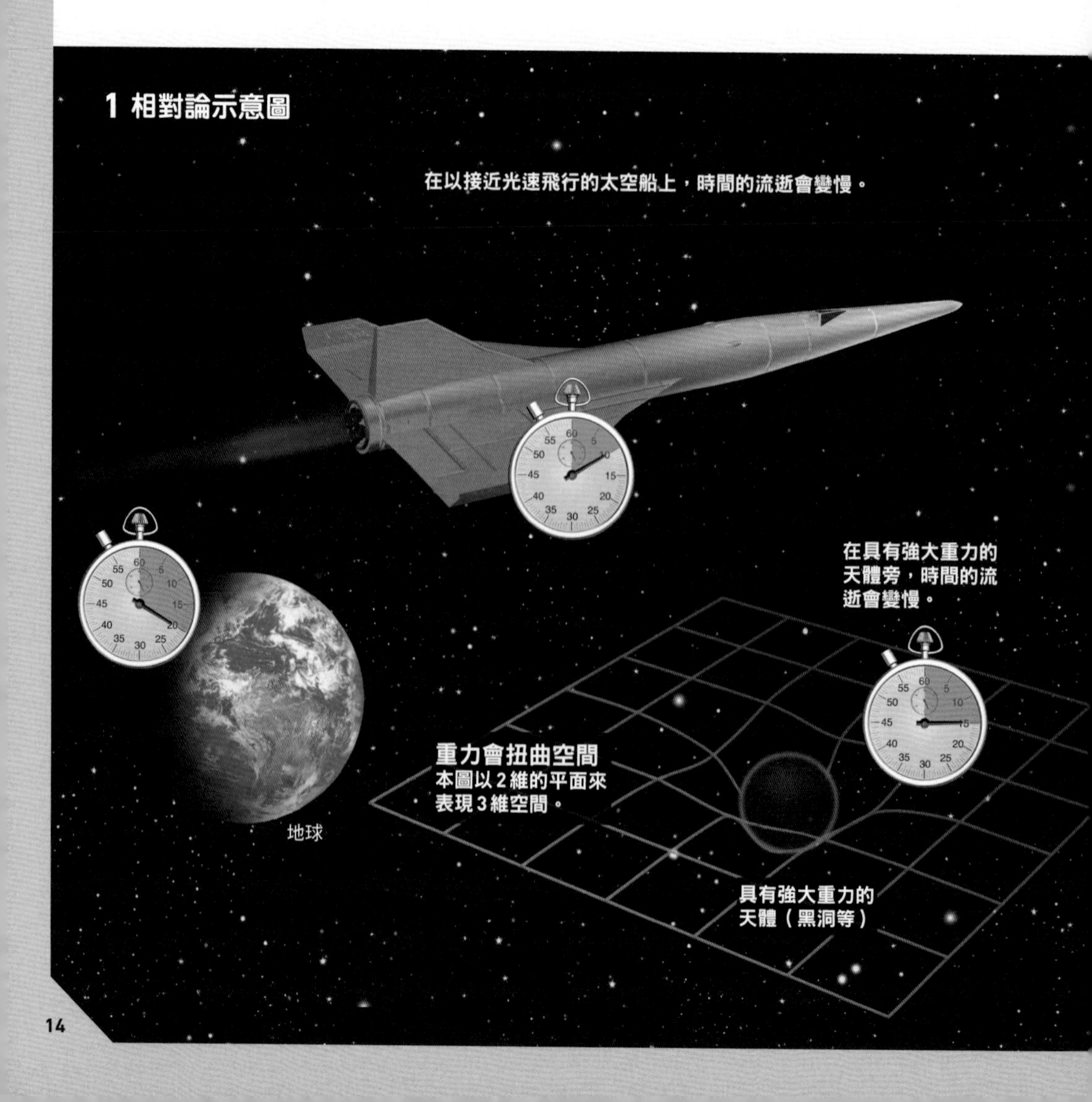
1 相對論示意圖
在以接近光速飛行的太空船上，時間的流逝會變慢。
在具有強大重力的天體旁，時間的流逝會變慢。
重力會扭曲空間
本圖以2維的平面來表現3維空間。
地球
具有強大重力的天體（黑洞等）

間與空間理論，解釋了時間的流逝變慢、空間扭曲等事實（**1**）。這些現象或許令人難以置信，但許多實驗都印證了這項理論※。

至於量子論則說明了電子及光等所表現出的行為特性（**2**）。**換句話說，相對論探討的時間、空間等相當於自然界的「舞臺」，而量子論探討的電子等微粒子則相當於自然界的「演員」**。

本書之所以把探討焦點放在電子、原子核與光，原因就在於這些都是「自然界的主角」。

※：1919～1973年愛丁頓（Arthur Eddington）等人利用日全食觀測來比較太陽背景恆星的位置，證實了光線彎曲的程度符合廣義相對論的預測。1964年夏皮羅（Irwin Shapiro）從地面向金星和水星發射雷達波並測量其往返時間，透過計算得到當地球、太陽和金星在同一直線上時，由於太陽質量導致雷達波往返時間延遲200毫秒左右，證實了在具有強大重力的天體旁，時間的流逝會變慢。

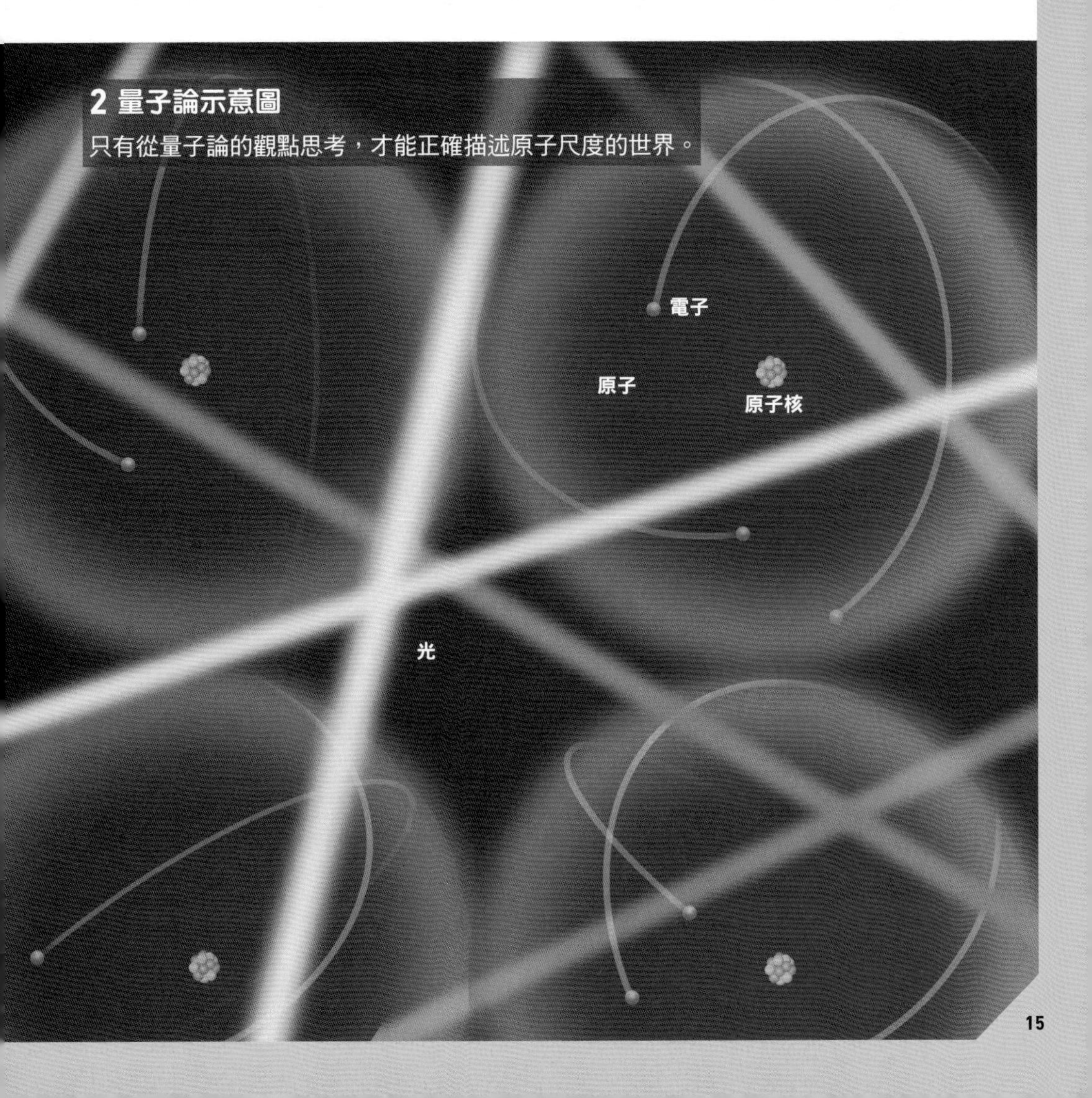

2 量子論示意圖

只有從量子論的觀點思考，才能正確描述原子尺度的世界。

理解量子論必須知道的兩大重點

「波粒二象性」與「狀態的共存」

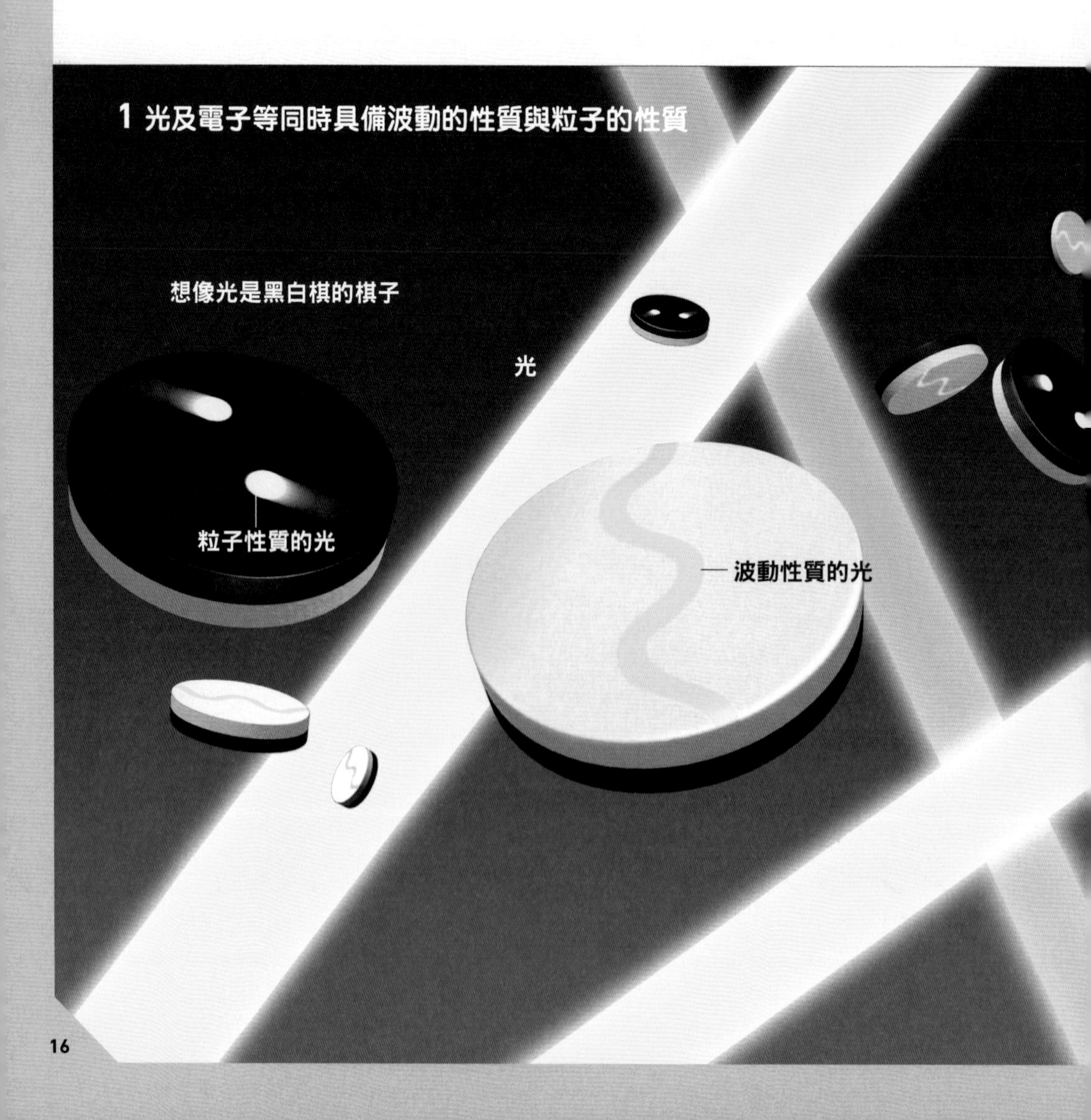

在量子論探討的微觀世界中，物質會表現出與我們常識不同的特性。這個單元要介紹兩個理解量子論的重要觀念。

首先是在微觀世界中，光及電子等會同時具備「波動的性質」與「粒子的性質」，如同黑白棋的棋子有黑白兩面。量子論將此稱為「波粒二象性」（wave-particle duality）（**1**）。

第二個重要觀念是，在微觀世界中，一個物體可以同時具有好幾種狀態。量子論將此稱為「狀態的共存（疊加）」※（**2**）。

這兩大重點都是透過實驗得到確認的事實。想要理解量子論，就必須接受在微觀世界中有許多現象都與我們的認知相去甚遠。

※：「狀態的共存」即艾弗雷特（Hugh Everett）1957年提出的「相對狀態」（relative state），後來被重新命名為「多世界詮釋」（many-worlds interpretation）。

2 在微觀世界中，一個物體可以同時存在數種狀態

在假想的小盒子中的一個電子
一個電子位於左邊的狀態與位於右邊的狀態是共存的
即使只看左邊，電子位於各種不同位置的狀態也是共存的。

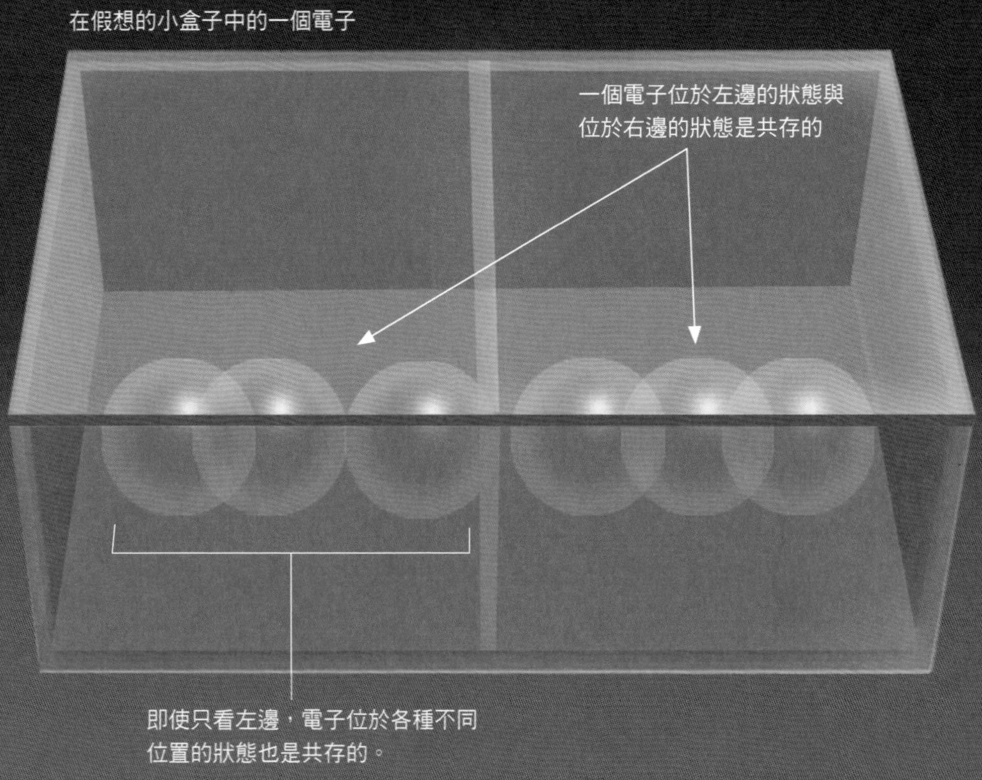

量子論會完全顛覆你原有的常識！

微觀世界中的常識需要從根本重新學習

第15頁的圖所畫的原子是「電子圍繞在原子核周圍」，但這其實是量子論出現前的認知，嚴格來說並不正確。**根據量子論所描繪出的原子樣貌，是「電子雲」（electron cloud）※包圍了原子核（1）**。

另外，量子論還闡明了一項微觀世界的事實：**「物質在真空中會時而出現、時而消失」（2）**。真空原本應該是「空無一物的空間」，但在微觀世界中，「完全的無」是不可能的（詳見第90頁）。

而且，量子論還**揭露了「電子等微觀物質能夠穿牆」這件事（3）**，稱之為「穿隧效應」（tunneling effect，詳見第83頁）。一顆棒球撞到牆壁的話會反彈回來，但若是電子則可能會穿過牆壁，出現在牆壁的另一側。

※：根據量子論的測不準原理（uncertainty principle），我們不可能同時準確測定出電子在某一時刻所處的位置和運動速度，也無法描畫出它的運動軌跡。因此，電子雲是以機率來描述電子的方位，而不是以先前的軌域模型來描述電子運動的軌跡。

1 根據量子論描繪出的原子示意圖

原子核

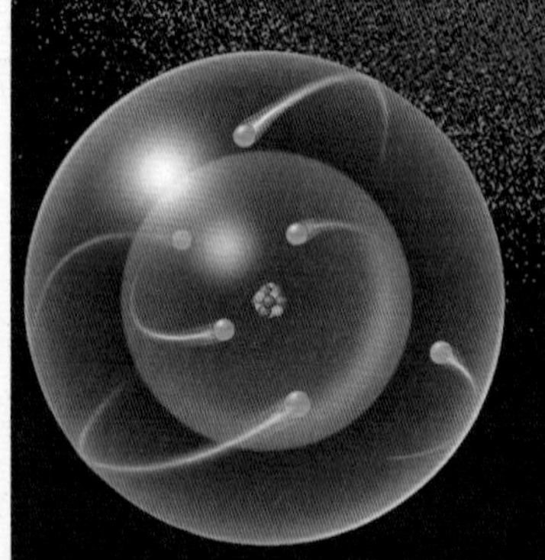

根據量子論出現前的認知描繪出的原子示意圖

2 物質會在真空中時而出現、時而消失

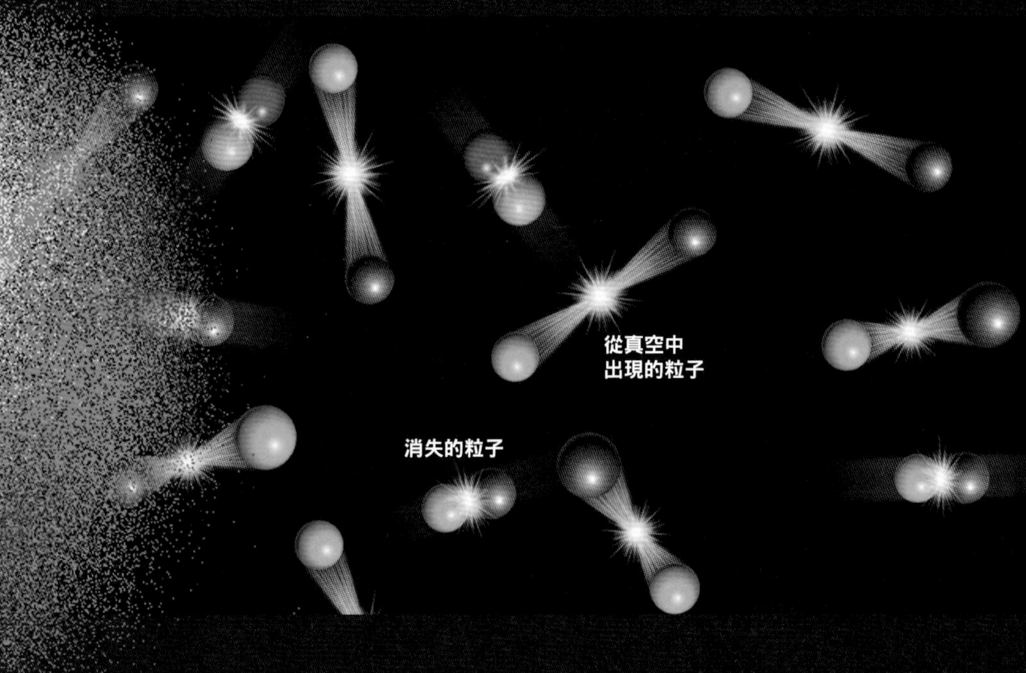

3 微觀物質會穿牆

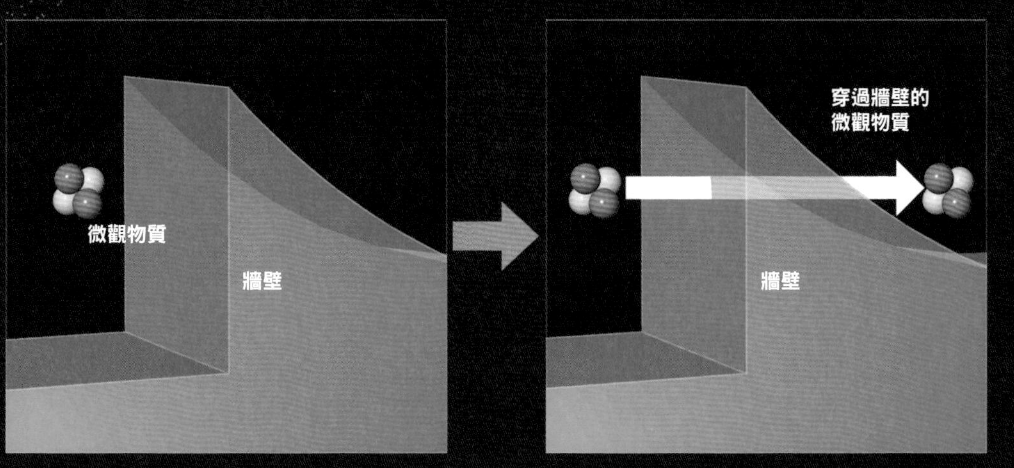

量子論說明了宇宙誕生的瞬間

宇宙的誕生是必然的

微觀世界中不存在完全靜止

量子論認為，不可能有什麼東西是完全靜止的※。即便是極度微觀的原始宇宙（如本頁圖左上角的球體），也不會在弧形坡頂端靜止不動，只要稍微往右偏一點，就會沿著弧形坡滾下來。從量子論得出的結論是，宇宙的誕生是不得不發生的必然之事。

※：根據量子論的測不準原理，我們無法準確測定出粒子在某一時刻所處的位置，也就是說粒子無法保持絕對的靜止狀態。

量子論也探討了宇宙的誕生之謎。如果根據相對論來思考宇宙誕生的問題，會得到宇宙是「無」中生有而來的這種答案。此外，**近年來的研究發現，一百數十億年前的宇宙空間是極度微觀的**。要一探微觀世界的究竟，就必須借重量子論。

就像第18頁說明過的，微觀世界不可能有完全的無，一般也認為沒有完全的靜止。

假設下圖中弧形坡頂端的位置是沒有時間也沒有空間的「無」的狀態，弧形坡頂端的球是極度微觀的原始宇宙。往右下方傾斜的弧形坡則是使宇宙膨脹的力。

由於弧形坡頂端的球不可能永遠不動，勢必會從弧形坡頂端滾下來，如此一來便會不斷膨脹。以量子論的觀點來看，宇宙的誕生是必然的。

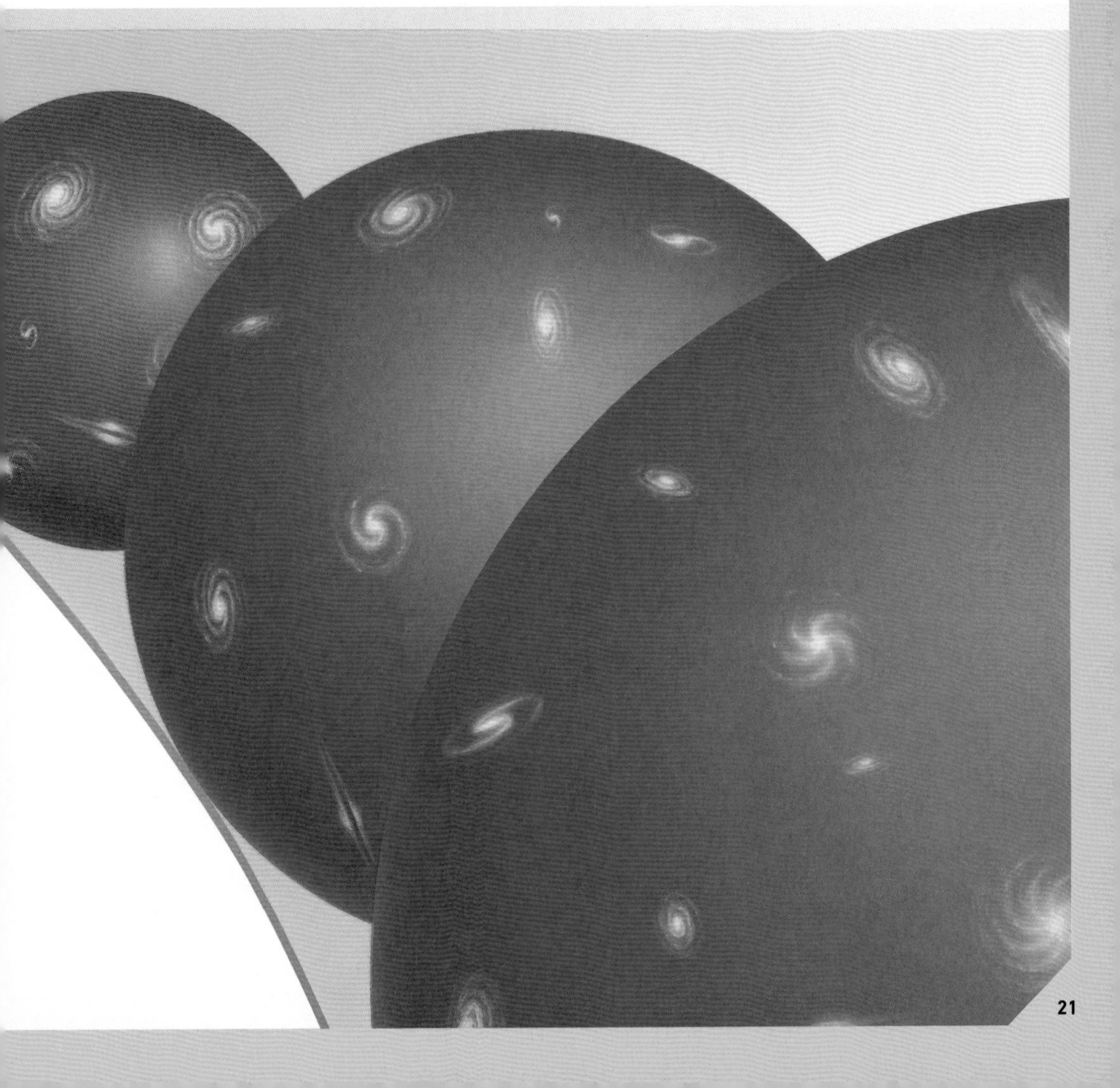

2

兼具波動與粒子性質的神奇現象

「波粒二象性」與「狀態的共存」是理解量子論的重要關鍵字。在微觀世界中，光及電子等會同時具備波動的性質與粒子的性質。以下將介紹量子論誕生的來龍去脈，並帶你認識「波粒二象性」。

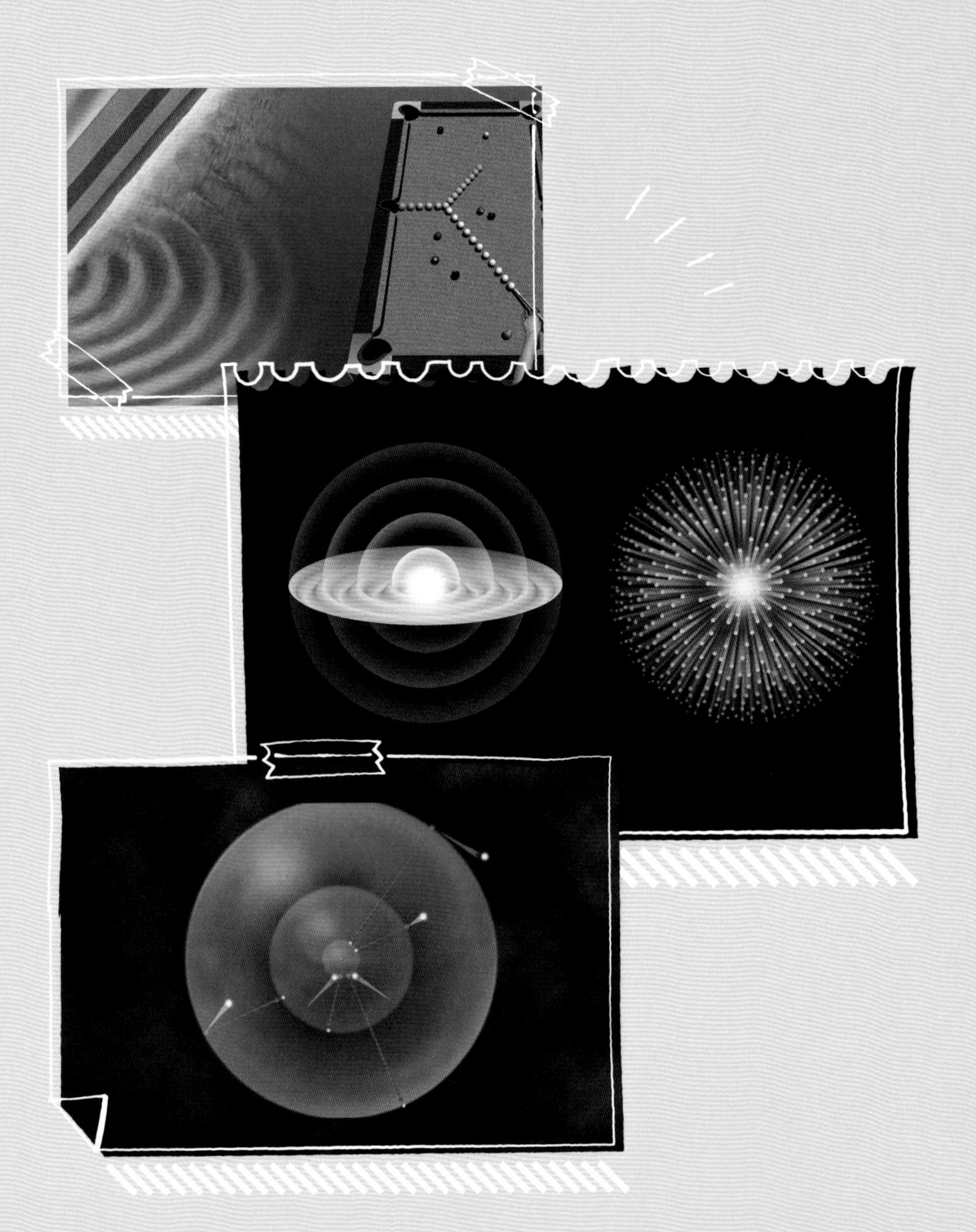

兼具波動與粒子性質的神奇現象

電子及光 既是波動也是粒子

電子及光同時具有波動與粒子的性質！

「波粒二象性」無法正確用圖畫表現

下方為波的振動與繞射（diffraction）的示意圖，右頁的圖則是將粒子比喻為撞球。光與電子具有的「波粒二象性」可以說無法用圖畫正確表現出來。也可以說，微觀世界的本質無法完全藉由繪畫來表現。

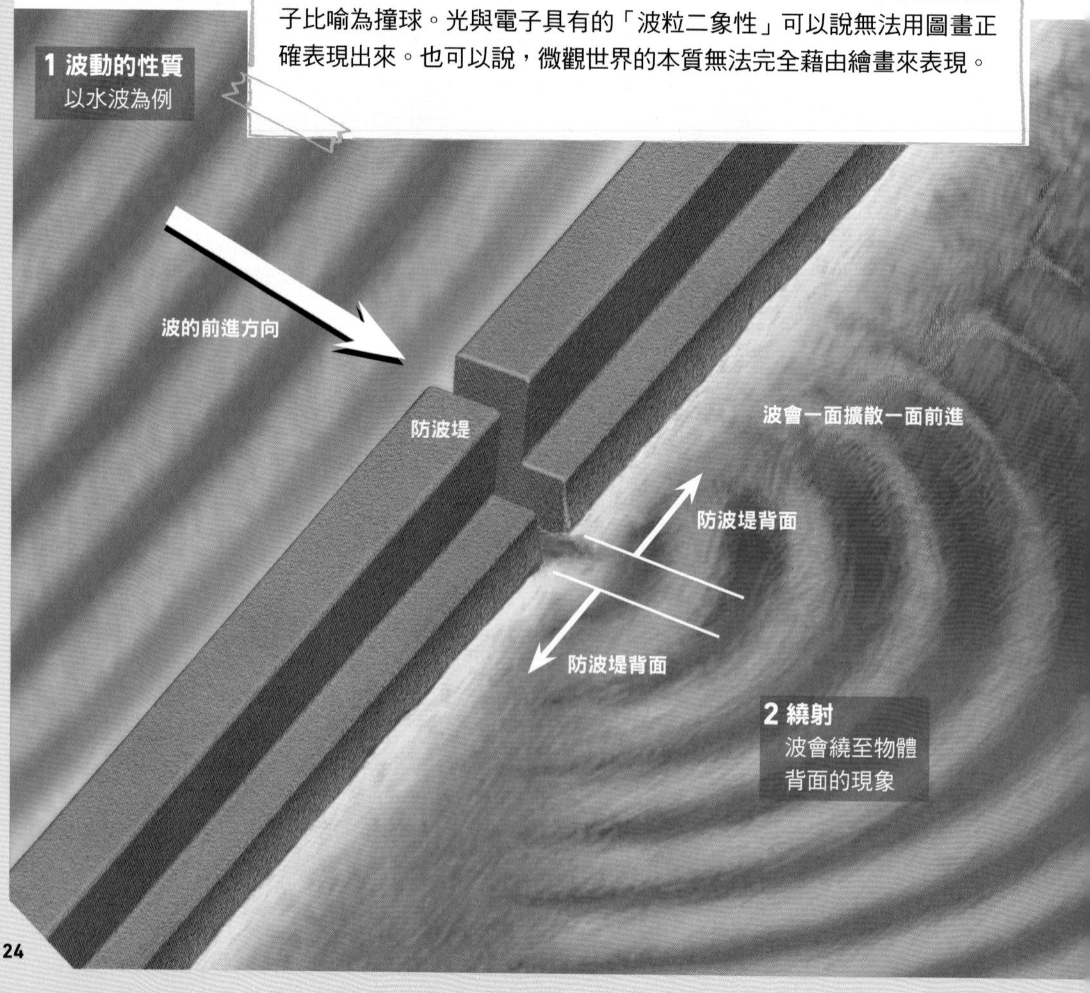

以下要介紹理解量子論的兩大關鍵之一「波粒二象性」。

波粒二象性指的是「電子等微觀物質及光兼具波動的性質與粒子的性質」之量子論的基本原理。

波動指的是「某處的某種振動擴散傳播至周圍的現象」（1）。波動在遇到障礙物時，會繞至障礙物背面繼續前進，這種現象叫作繞射（2）。

至於粒子則類似撞球（3）。球（粒子）在某個瞬間會存在於特定的一點。

若根據以上（1）～（3）的說明來看，波動與粒子的性質有明顯的不同※，因此同時具備這兩種明顯不同的性質在常識上是無法想像的事。

在我們看來不合乎常理的事，在微觀世界卻是理所當然的常識。

※：波具有振動傳播的擴散性，無法指出它只位於特定的一點；而粒子的運動在某一瞬間，可指出它位於特定的一點。波遇到障礙物時，會繞到障礙物背面繼續前進；而粒子撞到障礙物時，則只會直線反射，無法繞到障礙物背面。

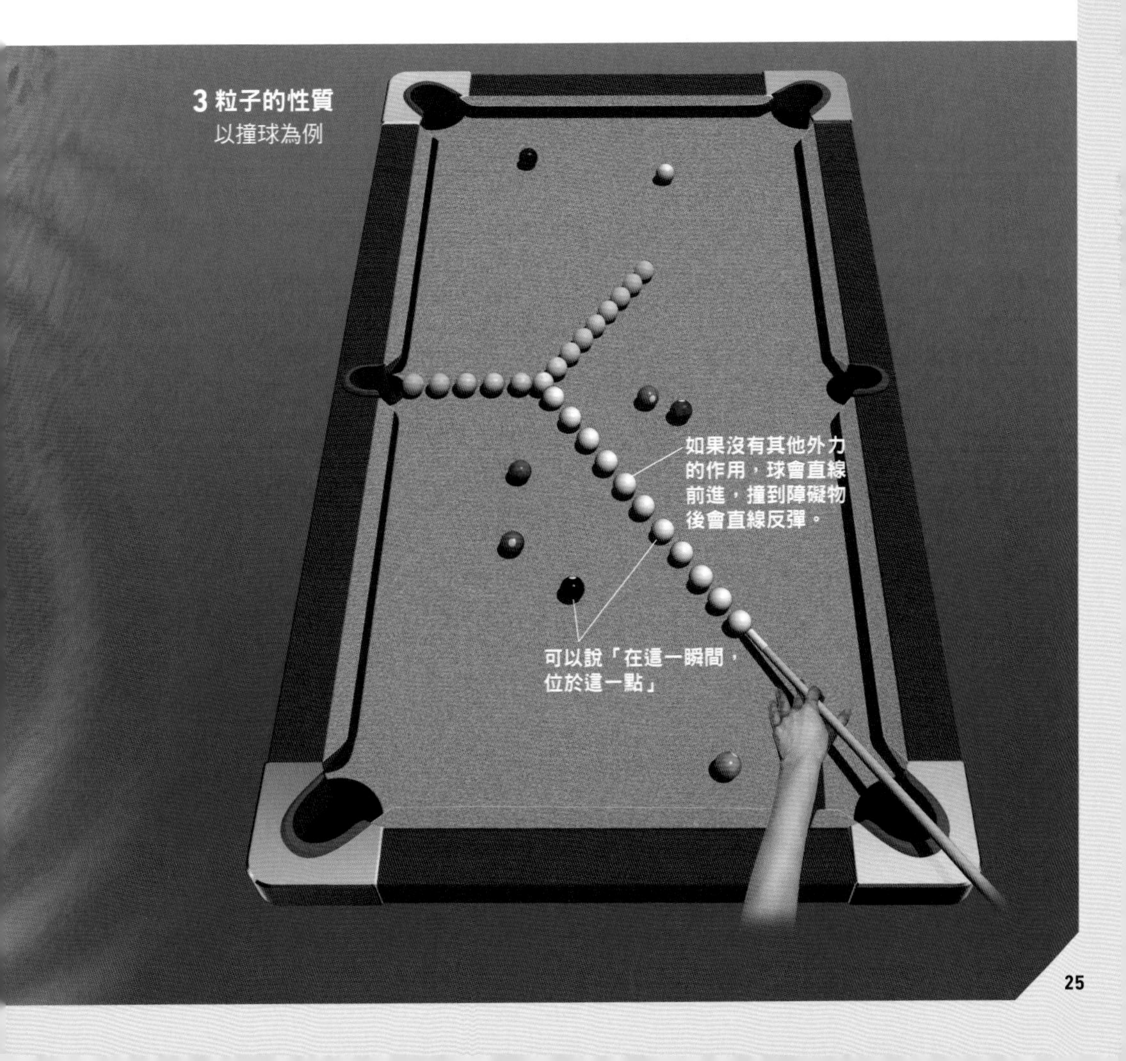

3 粒子的性質
以撞球為例
如果沒有其他外力的作用，球會直線前進，撞到障礙物後會直線反彈。
可以說「在這一瞬間，位於這一點」

兼具波動與粒子性質的神奇現象

波動究竟是什麼？

波動會相互增強或相互削弱

聲音也是一種波動

下方的圖利用彈簧表現波動的性質。在空氣中傳遞的聲音（聲波）也符合這些性質。聲音就是密度不同的空氣分子之分布移動的現象※。

※：空氣分子這時會發生和波的行進方向相同的來回振動。像這種波的振動方向和行進方向一致的波稱為「縱波」，也稱為「疏密波」，彈簧本身的伸縮振動就是一種疏密波。而本單元圖中以手上下擺動彈簧製造出的波，其振動方向和行進方向垂直，稱為「橫波」，也稱為「高低波」，請勿與彈簧本身的疏密伸縮振動混為一談。

1 沿彈簧傳遞的波

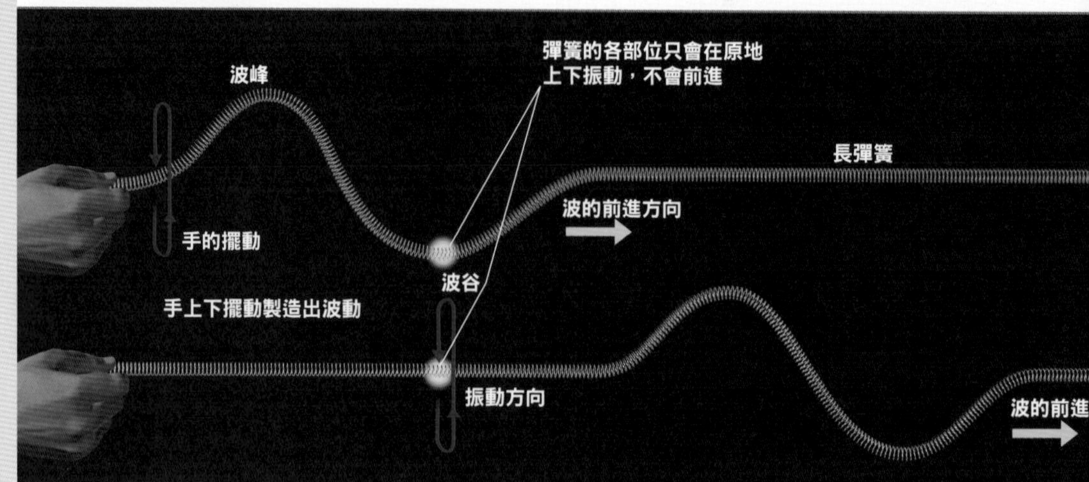

本單元要介紹波的性質有哪些特徵。

若抓住長彈簧的一端上下擺動，彈簧會像波浪一樣搖晃，產生波峰與波谷，而且波峰與波谷會往前傳遞（1）。彈簧的各個部分則不會往前進，只會在原地振動。

來自彈簧左右兩端的波如果撞在一起，會發生什麼事？當波峰與波峰相撞，兩股波完全重疊的瞬間，波會互相增強，產生2倍高度的波（**2**）。如果是波峰和波谷相撞，兩股波完全重疊的瞬間，波會相互減弱，使得彈簧變為平整的一直線（**3**）。在以上兩種狀況中，兩股波交錯之後，又會變回原本的波。

這種兩股波相互增強、相互減弱的現象稱為「波的干涉」。

2 波峰與波峰相撞……

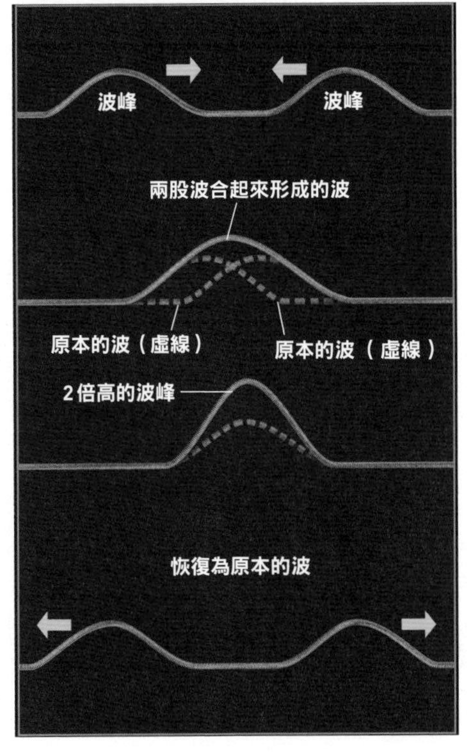

3 波峰與波谷相撞……

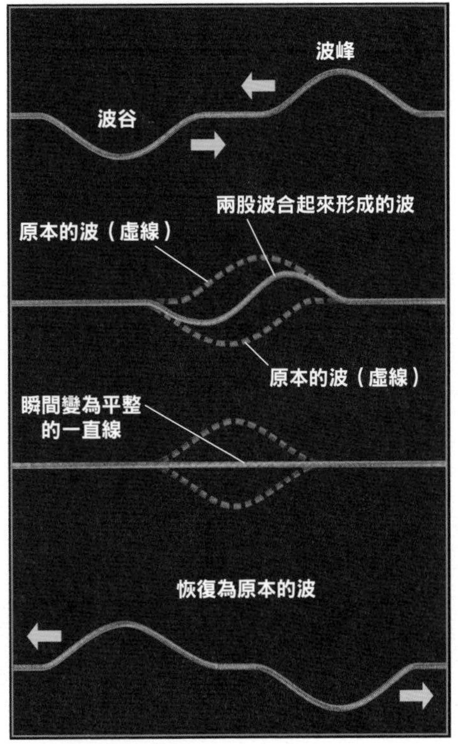

兼具波動與粒子性質的神奇現象

光和波動其實是同一種東西

「光是波動」的見解在19世紀是常識

1 以「雙狹縫實驗」演示光的干涉

雙狹縫（double-slit）指的是狹縫A與狹縫B。

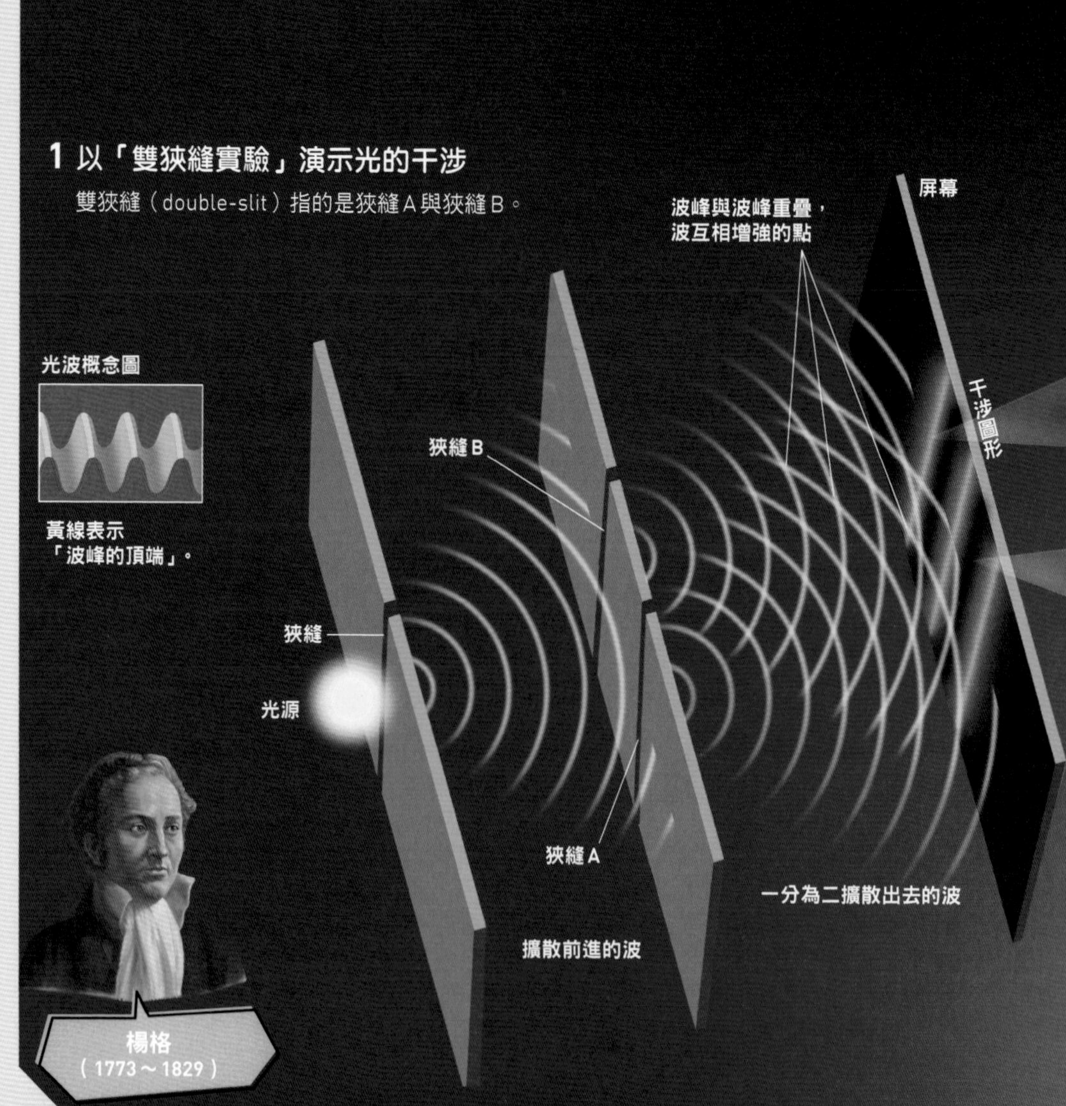

在量子論尚未問世時，物理學家楊格（Thomas Young，1773～1829）於1803年進行的「光的干涉」等實驗，使得**「光是波動」的見解（光的波動說）成為當時科學家的常識**※。干涉是波動的獨特性質，指兩股以上的波會相互重疊，彼此增強或減弱的現象。

楊格在光源前方放了一片有一道狹縫的板子，與另一片有A、B兩道狹縫的板子，兩片板子後方設置用來顯示光的屏幕（**1**）。如果光是波動，在通過狹縫A的波峰與通過狹縫B的波峰重疊的點，波會相互增強，使光變亮（**2**）。在波峰與波谷重疊的點，波則會相互減弱，使光變暗（**3**）。如此一來，屏幕上應該會顯現獨特的明暗條紋（干涉圖形）。楊格進行了這項實驗，並成功在屏幕上顯示出干涉圖形。

※：牛頓1675年提出的光粒子理論，雖然無法完美解釋光的折射等性質，以及兩束光束交叉時光粒子明顯沒有相互碰撞的事實。但由於牛頓無與倫比的學術地位，在一個多世紀內無人敢於挑戰。直到19世紀初多項實驗發現光的干涉與繞射現象，光的波動理論才重新得到承認。

2 波相互增強使屏幕上的光變亮

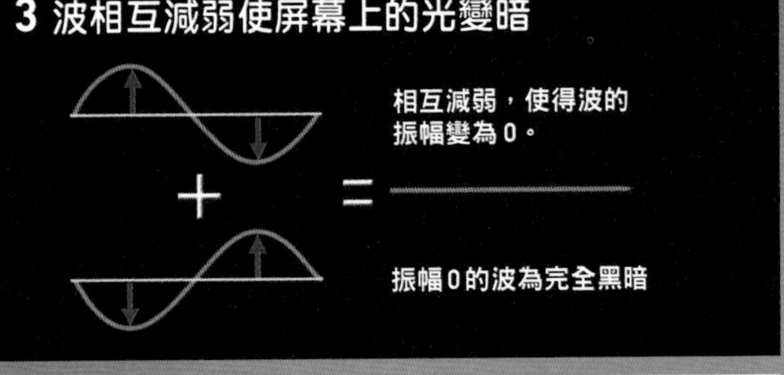
波峰
波谷
相互增強，使得波的振幅變為2倍。
振幅大的波形成明亮的光

3 波相互減弱使屏幕上的光變暗

相互減弱，使得波的振幅變為0。

振幅0的波為完全黑暗

如果光純粹是粒子的話？

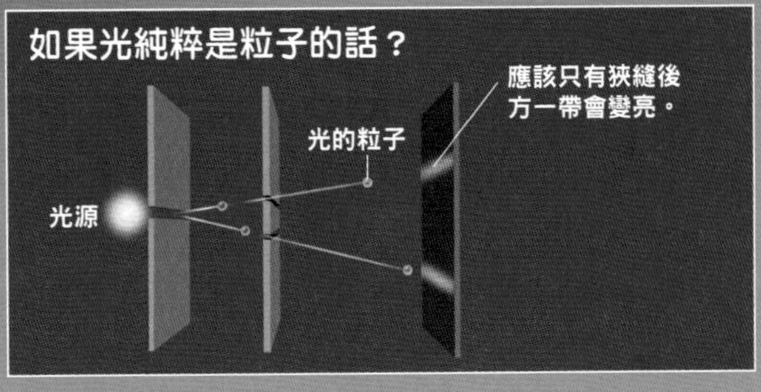
應該只有狹縫後方一帶會變亮。
光的粒子
光源

兼具波動與粒子性質的神奇現象

光的顏色不同是因為「波長」不同

不同波長的電磁波擁有各自的名稱

1. 各式各樣的光

各種光的波長範圍並沒有嚴格的界線，彼此多少會互相重疊。另外，圖中各種電磁波的波長並非實際的比例。

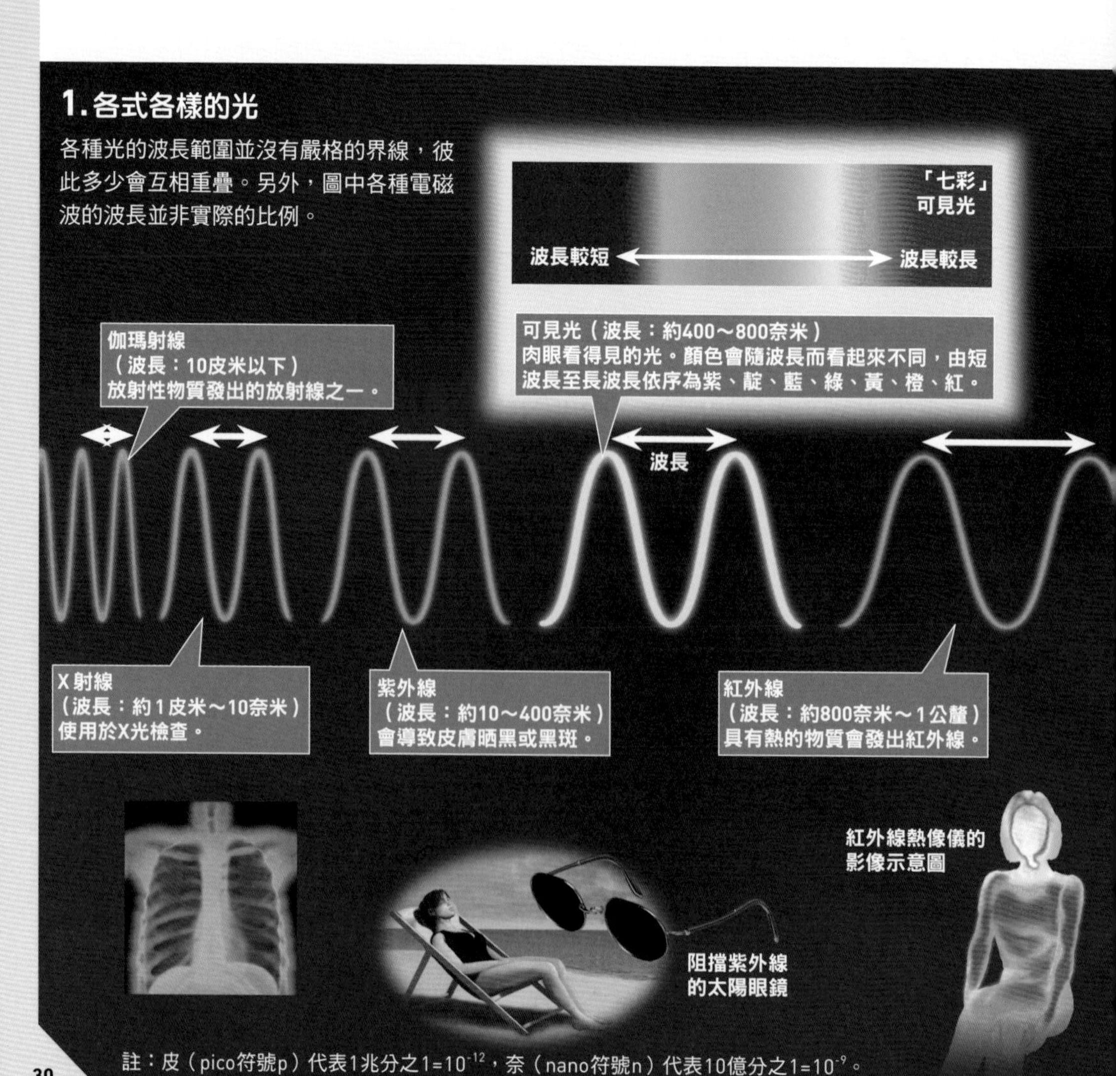

「七彩」
可見光
波長較短
波長較長
可見光（波長：約400～800奈米）
肉眼看得見的光。顏色會隨波長而看起來不同，由短波長至長波長依序為紫、靛、藍、綠、黃、橙、紅。
伽瑪射線
（波長：10皮米以下）
放射性物質發出的放射線之一。
波長
X射線
（波長：約1皮米～10奈米）
使用於X光檢查。
紫外線
（波長：約10～400奈米）
會導致皮膚晒黑或黑斑。
紅外線
（波長：約800奈米～1公釐）
具有熱的物質會發出紅外線。
紅外線熱像儀的
影像示意圖
阻擋紫外線
的太陽眼鏡

註：皮（pico符號p）代表1兆分之1=10^{-12}，奈（nano符號n）代表10億分之1=10^{-9}。

本單元要介紹的是「各式各樣的光」。肉眼看得見的光叫作「可見光」，但其實肉眼看不見的「紫外線」、「紅外線」本質上也與可見光相同。「X射線」、「伽瑪射線」、「微波」、「電波」雖然也屬於光，但物理學將這些合稱為「電磁波※1」（**1**）。

各種的光的波長各不相同。下方的圖依波長由短至長列出了各種光。可見光的顏色也是因波長不同而形成的。

電磁波（光）的振動與波長可以用天線為例幫助理解（**2**）。當天線接收到無線電波，天線內的電子會上下振動，類似浮在海面的球上下晃動。**電磁波可以說就是「使電子（正確來說是帶電的粒子）振動的電場與磁場在空間中傳播」**※2。

※1：光有時會被當作與電磁波同義。

※2：電磁波不是藉由空氣疏密分布或某種介質振動所產生的「縱波」，而是行進方向和電場及磁場振動方向垂直的「橫波」，由於互相垂直的電場和磁場連鎖產生，所以在沒有介質的真空中也能傳播。

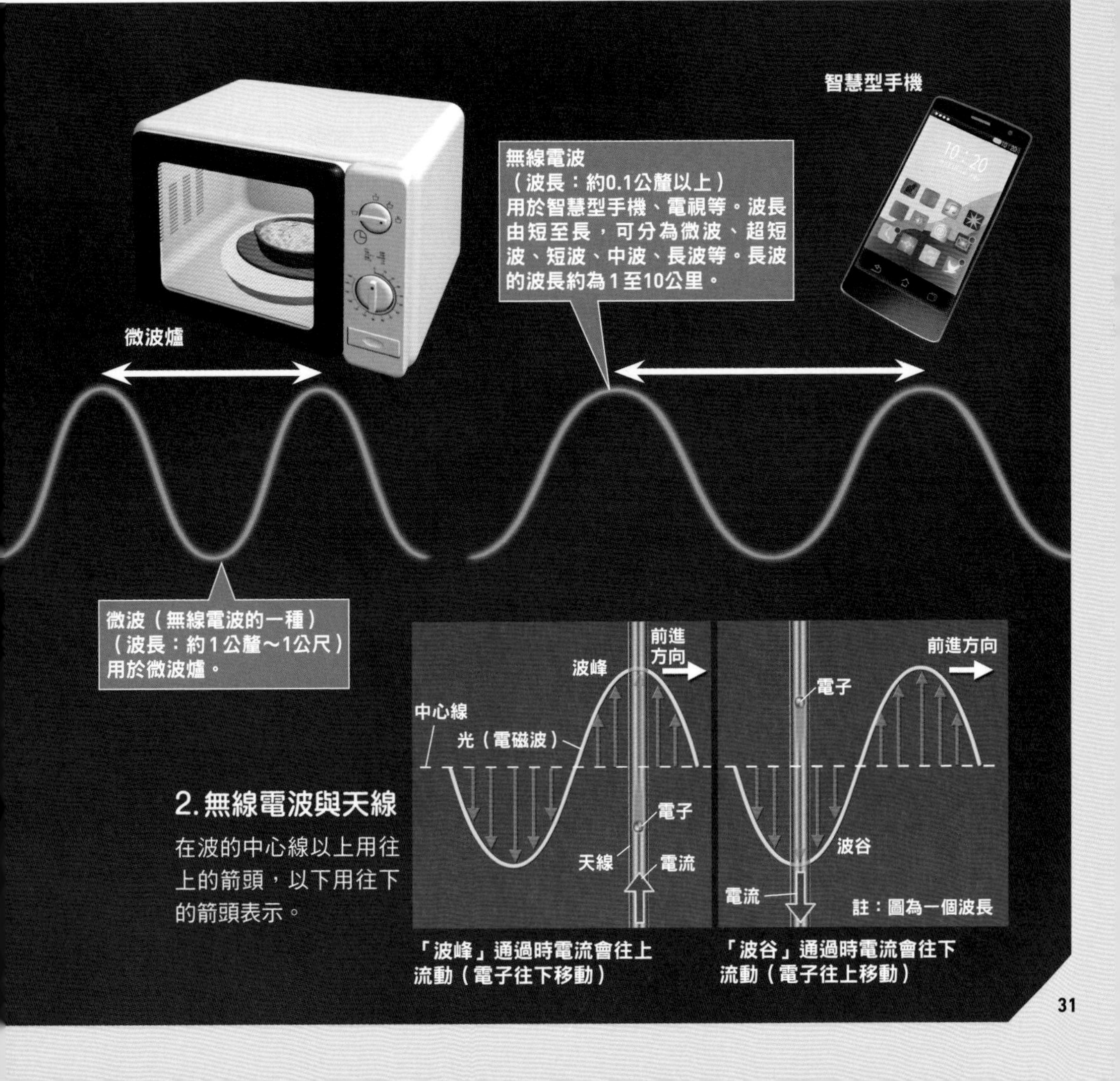

2. 無線電波與天線

在波的中心線以上用往上的箭頭，以下用往下的箭頭表示。

「波峰」通過時電流會往上流動（電子往下移動）

「波谷」通過時電流會往下流動（電子往上移動）

「光是波動」所無法解釋的現象

愛因斯坦對於光有獨到的見解

長波長的光

德國物理學家普朗克（Max Planck，1858～1947）在1900年根據煉鋼高爐發出的光的分析結果等，推論出高溫物體發出的光其能量值是不連續的。※

愛因斯坦則在1905年發表的學說認為，光的能量中存在著無法再分割的最小顆粒，他將這種顆粒稱為「光子」（photon，光量子）。

愛因斯坦好奇，若將這種「假設光是不連續的光子之集合體」的想法套用到於19世紀末發現的「光電效應」（photoelectric effect）現象，會產生怎樣的結果。

光電效應是指當金屬照到光，金屬中的電子會從光得到能量並往外飛散的現象。如果將光視為單純的波動，其實無法完全說明光電效應。

※：19世紀末，為了製造出品質更好的鋼鐵，須精準控制冶煉過程中的溫度。但由於沒辦法把溫度計插入高溫的熔礦爐，因此都是依據從高溫物體發出之光的顏色（波長）來推定溫度的高低。然而依據古典理論觀測的結果與實驗數據間缺乏規則性，因此普朗克推論：光是從粒子的振動發出來的，而放光的能量是不連續的，此種不連續的能量稱為能量量子化（quantization of energy），不同顏色的光的能量量子數不同。

波長不同也會影響光電效應

光電效應可以透過金屬板與2片金箔做成的「金箔驗電器」（gold-leaf electroscope）來理解。利用靜電讓金屬板帶有負電，電會擴散至金箔，負電彼此間的排斥力會使金箔打開。若以短波長的光照射金屬板，金箔會闔起來。原因在於因光電效應而飛散的電子會帶走負電，使得金箔的排斥力減弱（**1**）。但如果是照射長波長的光，電子不會飛散，金箔也不會闔起來（**2**）。

至於用短波長的光照射金屬板時，若將光調暗（弱），雖然飛散的電子數量減少，但仍會產生光電效應。而長波長的光就算調得再亮（強），電子也還是不會飛散出去。將光視為波動的話，很難解釋以上的事實。

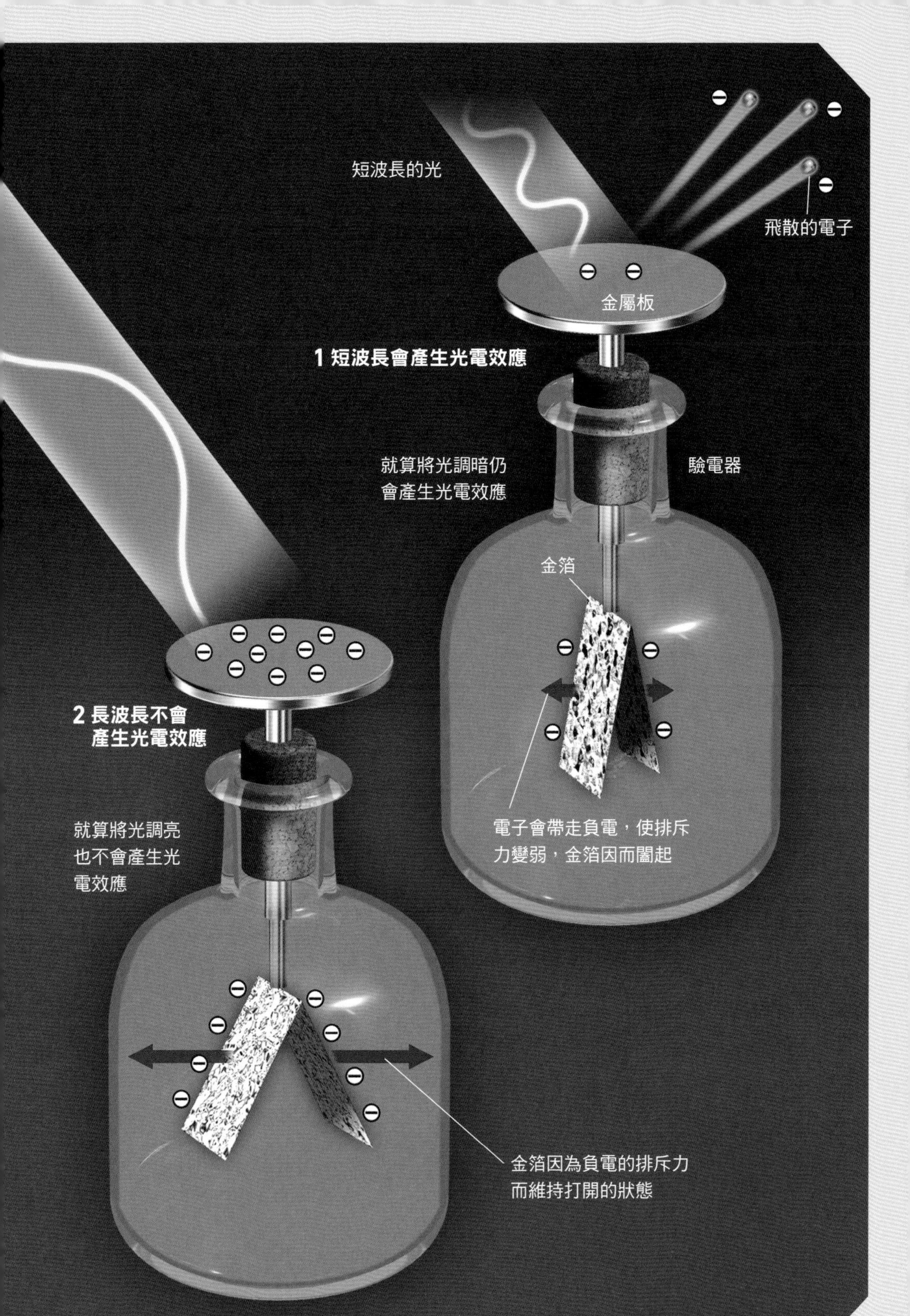
短波長的光
飛散的電子
金屬板
1 短波長會產生光電效應
就算將光調暗仍
會產生光電效應
驗電器
金箔
電子會帶走負電，使排斥
力變弱，金箔因而闔起
2 長波長不會
產生光電效應
就算將光調亮
也不會產生光
電效應
金箔因為負電的排斥力
而維持打開的狀態

兼具波動與粒子性質的神奇現象

光也具有粒子的性質

愛因斯坦從光電效應的實驗得到此結論

將光視為波動的話，應該是暗的光振幅小，而亮的光振幅大。照這樣來看，將光調暗（振幅變小）會使得電子得不到足夠的能量，應該就不會產生光電效應。將光調亮（振幅變大）則應該會讓電子獲得更多能量，產生光電效應。

但第32～33頁的實驗得到的結果並非如此。

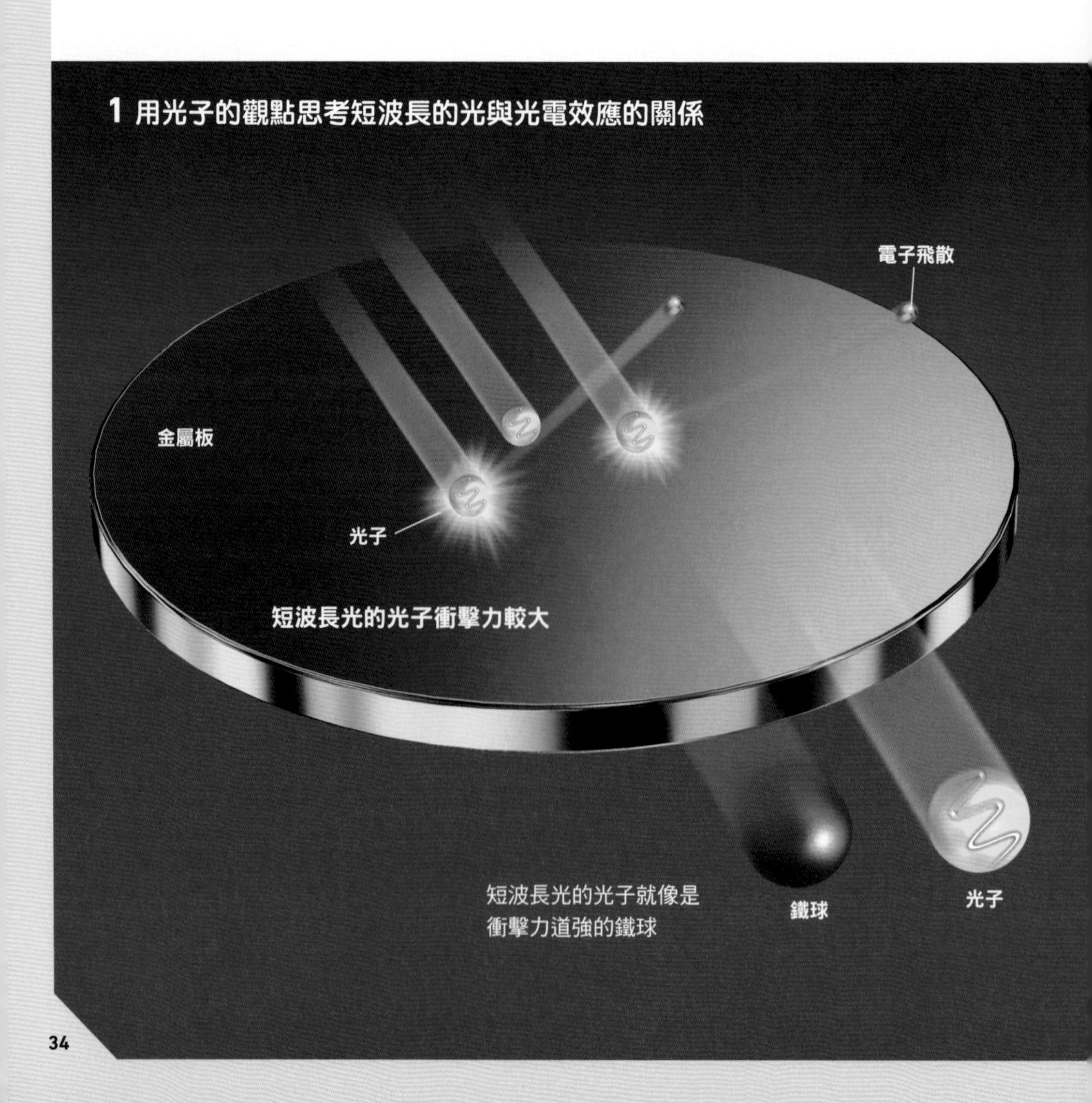

若把光視為「光子的集合體」，就能解開這個謎了。原因在於，**光的波長越短，光子的能量就越高、衝擊力越強**。換言之，短波長的光由於能量大、衝擊力較強，即使數量較少（較暗）也能彈飛金屬板內的電子（1）。而長波長的光則因光子的能量較小，即使增加數量（變亮）也不會產生光電效應（2）。

愛因斯坦主張，光的能量並非均勻分布，而是負載於離散的光量子（光子），且光子的能量和光的頻率有關。這項理論不但能夠解釋光電效應，也推動了量子力學的誕生。由於「對理論物理學的成就，特別是光電效應定律的發現」，愛因斯坦獲頒1921年諾貝爾物理學獎。

2 用光子的觀點思考長波長的光與光電效應的關係

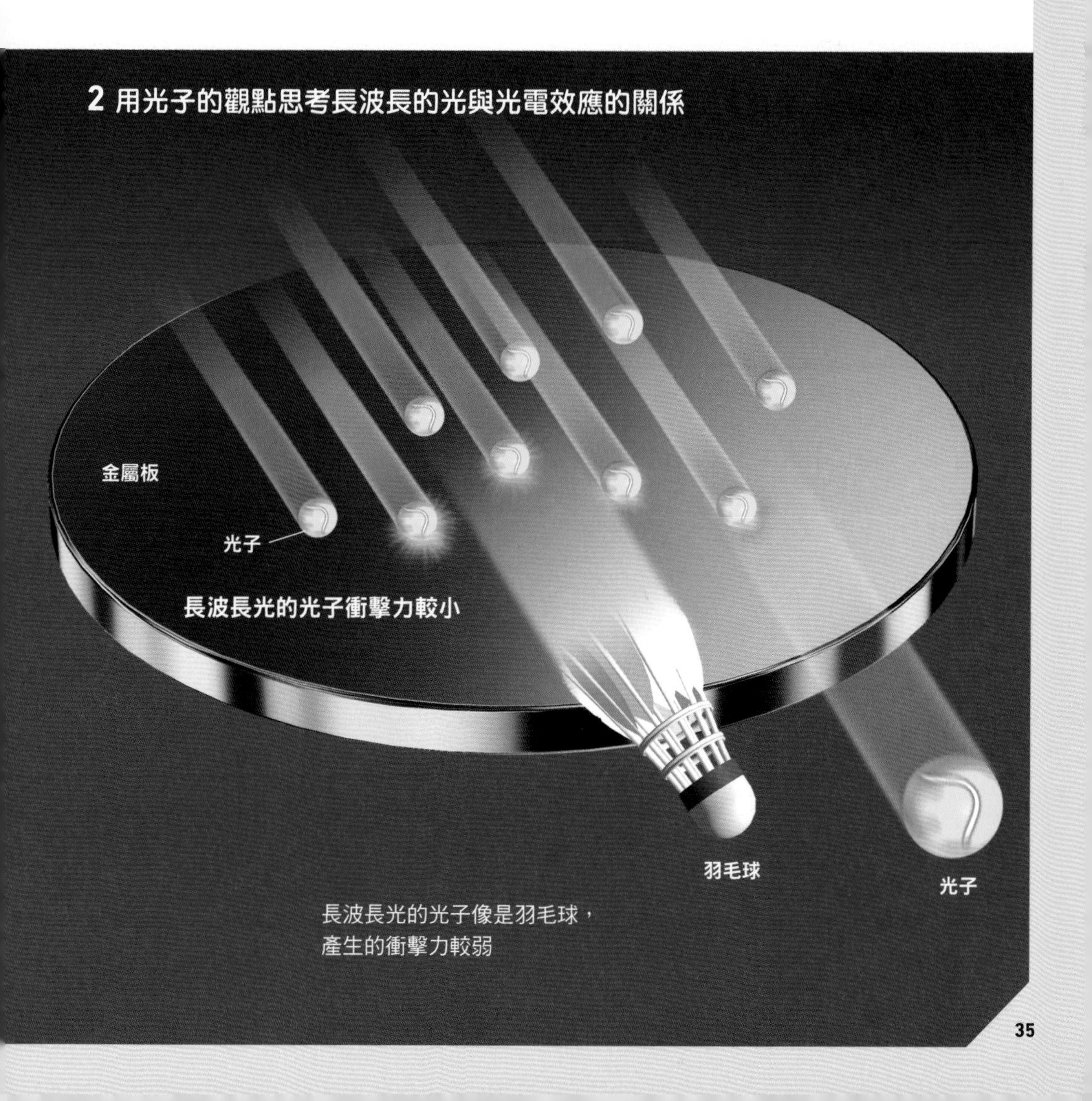

長波長光的光子像是羽毛球，產生的衝擊力較弱

兼具波動與粒子性質的神奇現象

光究竟是波動？或是粒子？

光既像波動，也像粒子

到頭來，光究竟是波動還是粒子呢？答案是，**「光既具有波動般的性質，也同時具有粒子般的性質」（光的「波粒二象性」）**。

但是，波在空間中以擴散的方式存在，通常無法僅指出空間中的一點說「這一點就是波動」。相對地，粒子可以單獨存在於空間中的某

波動性質的光與粒子性質的光

將光視為波動時的示意圖

一點，單一粒子不會擴散。說光既像波動也像粒子，會讓人感覺十分矛盾。

其實，在愛因斯坦發表光量子假說的那個時代，絕大多數的物理學家都認為「光是波動」，這項假說並沒有立即得到支持。愛因斯坦自己似乎也一生都在苦思光的神奇特性。

由於1803年楊格的「光的干涉」實驗（第29頁）使光的波動理論重新獲得承認，而愛因斯坦1905年提出的「光量子」假說（第32頁）也得到充分證實，物理學界爭論了近三百年的「光究竟是波動還是粒子」，終於得到了解答。

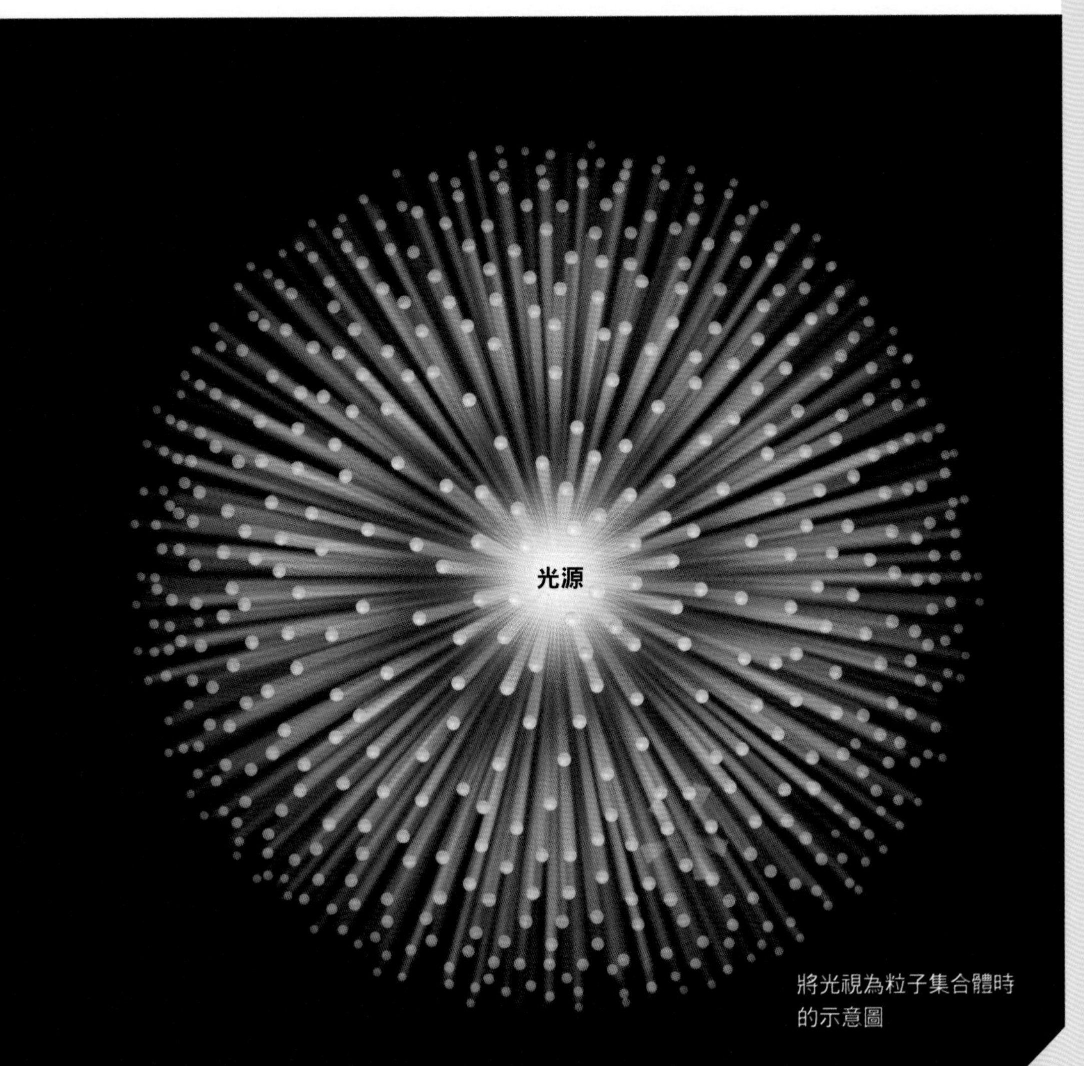

將光視為粒子集合體時的示意圖

Column

Coffee Break

夜空中的星星、曬黑的皮膚，與光的關係

接下來要介紹的，是必須用「光具有粒子的性質」來思考才能理解的兩個例子。

首先是在夜空中閃耀的星星。我們看得見星星，是因為眼睛裡的感光細胞分子接收了星星的光。**若光單純只**

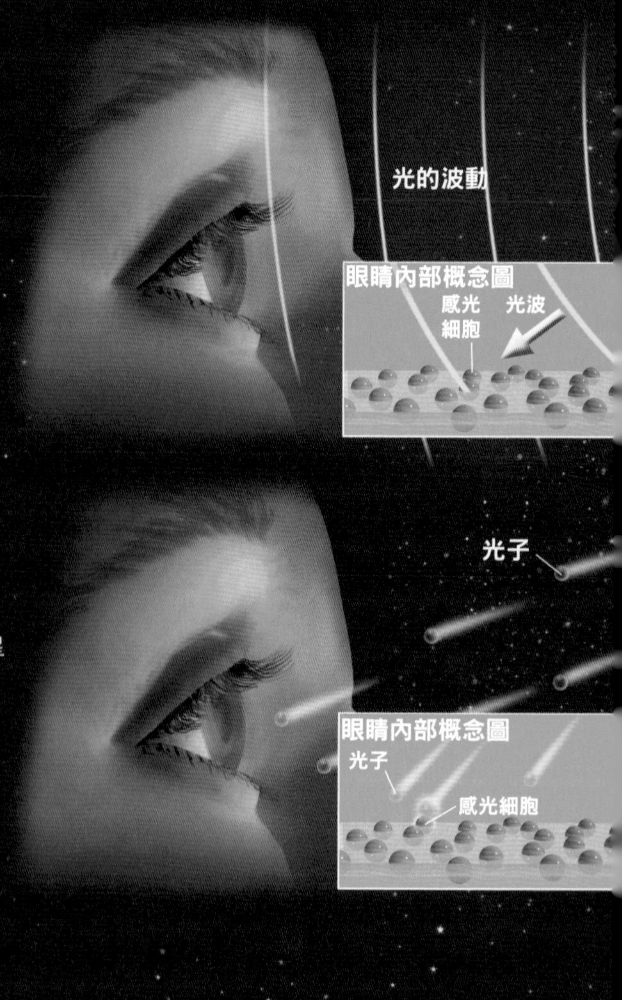

光的波動

眼睛內部概念圖

感光細胞

光波

如果光是在空間中均勻擴散的波動，我們應該無法立即看見星星。

光子

眼睛內部概念圖

光子

感光細胞

如果以光子的觀點思考，能立即看見星星是很正常的事。

是波動，由於眼睛裡的感光細胞接收到的遙遠星光的能量非常微弱，必須長時間仰望夜空才能看見星星[※1]。但其實我們瞬間就能看見星光，這是因為光具有粒子的性質。

另外，若從**「光只是單純的波動」的觀點，亦無法說明長時間受到電暖器照射也不會晒黑這件事**。皮膚的細胞照射到電磁波，產生化學變化才會晒黑[※2]。短波長的紫外線其光子具有足夠的能量引起這種反應，但電暖器發出的是長波長的紅外線，能量不足以引起這種反應，因此就算長時間照射電暖器也不會晒黑。

※1：遙遠的星光若只具波的性質，會向四周散布，只會有一小部分抵達我們的眼睛，而眼睛感光細胞的表面積很小，能接收到的星光波能量非常微弱，需要很長的時間，才能累積足夠的能量使感光細胞產生反應。
※2：皮膚晒黑其實是身體為對抗太陽紫外線所做的自我保護，身體透過大量分泌黑色素（Melanin），以避免皮膚遭受更多傷害。

星星

能量逐漸累積

能夠「看見」所需的能量

眼睛裡的感光細胞分子接收能量的示意圖

星星

短波長的紫外線光子（光子的能量大）

晒黑是由紫外線的光子引起的

單個光子內含能被「看見」所需的定值能量

能夠「看見」所需的能量

眼睛裡的感光細胞分子接收能量的示意圖

紅外線的光子不會使人晒黑

長波長的紅外線光子（光子的能量小）

探究原子真正的樣貌

原子究竟是像葡萄乾布丁一樣，還是像土星一樣呢？

從這個單元起要介紹的是原子與電子，它們與量子論誕生的來龍去脈有關。

英國物理學家湯姆森（Joseph Thomson，1856～1940）在1897年發現了電子的存在※，於是科學界又面臨了「原子內的電子是以何種樣貌存在」這個新的難題。

既然存在帶負電的電子，就代表原子內應該有「某個東西」帶著同量的正電。湯姆森想出來的是「葡萄乾布丁原子模型」，電子散布在帶正電的團塊內（**1**）。

至於奠定了日本物理學基礎的長岡半太郎（1865～1950）想到的則是「土星環原子模型」，電子是在帶正電的球體周圍旋轉（**2**）。長岡認為，負電與正電應該是分離的才對。

長岡的模型與現在常見的原子模型很相似，但當時已經發展成熟的電磁學認為「電子旋轉時會發光，並隨著能量減少呈螺旋狀往中央接近，最終合而為一」，因此長岡的模型並沒有獲得支持（**3**）。長岡主張「電子軌道並非隨機，而是像土星環整齊排列，不會發光」，由於其理論有說不通之處，而且也欠缺知名度，因此沒有被接受。

※：當時湯姆森發現真空管中的陰極射線（cathode rays）是由以前未知的帶負電的粒子（後來被命名為電子）組成，不僅比氫原子輕1000倍以上，而且無論來自哪種類型的原子，這種帶負電的粒子的質量都是相同的。他得出的結論是，這些非常輕的帶負電的粒子是原子的共通組成部分。

1 葡萄乾布丁原子模型

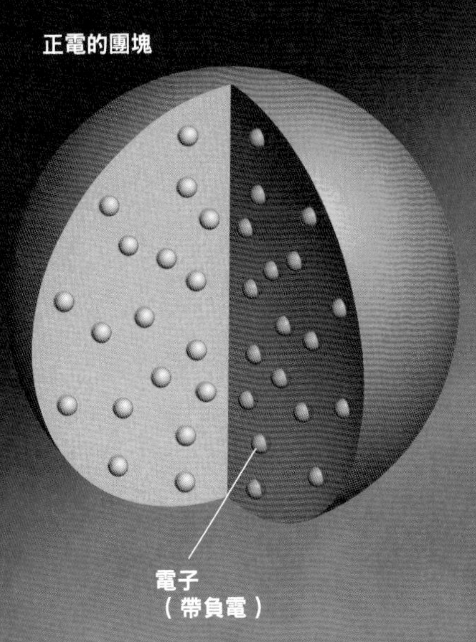

2 土星環原子模型

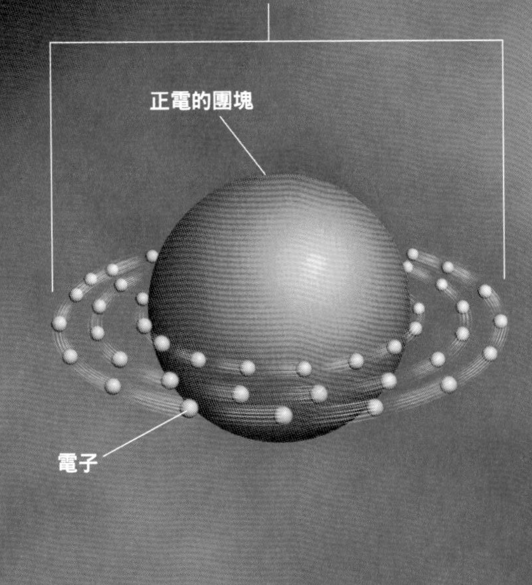

3 持續發光，並朝正電團塊接近的電子

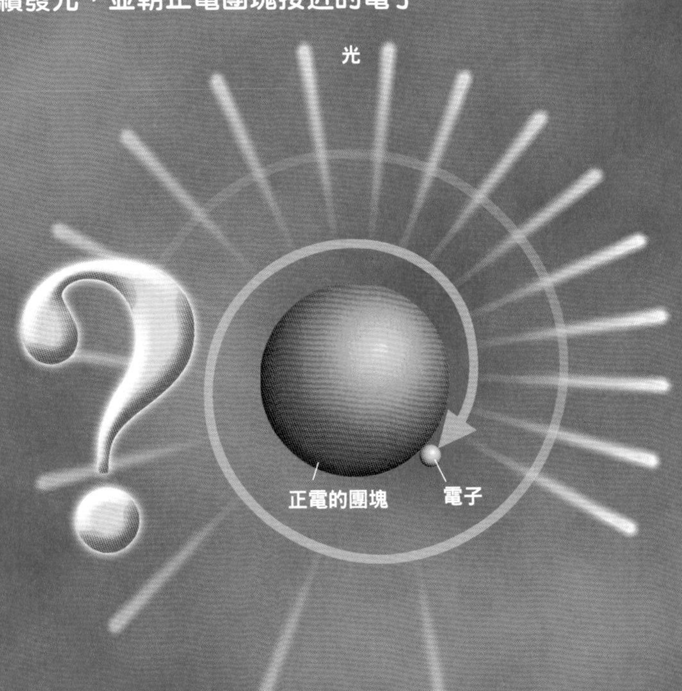

正電會集中於原子的中心

進入20世紀後，終於發現了原子核

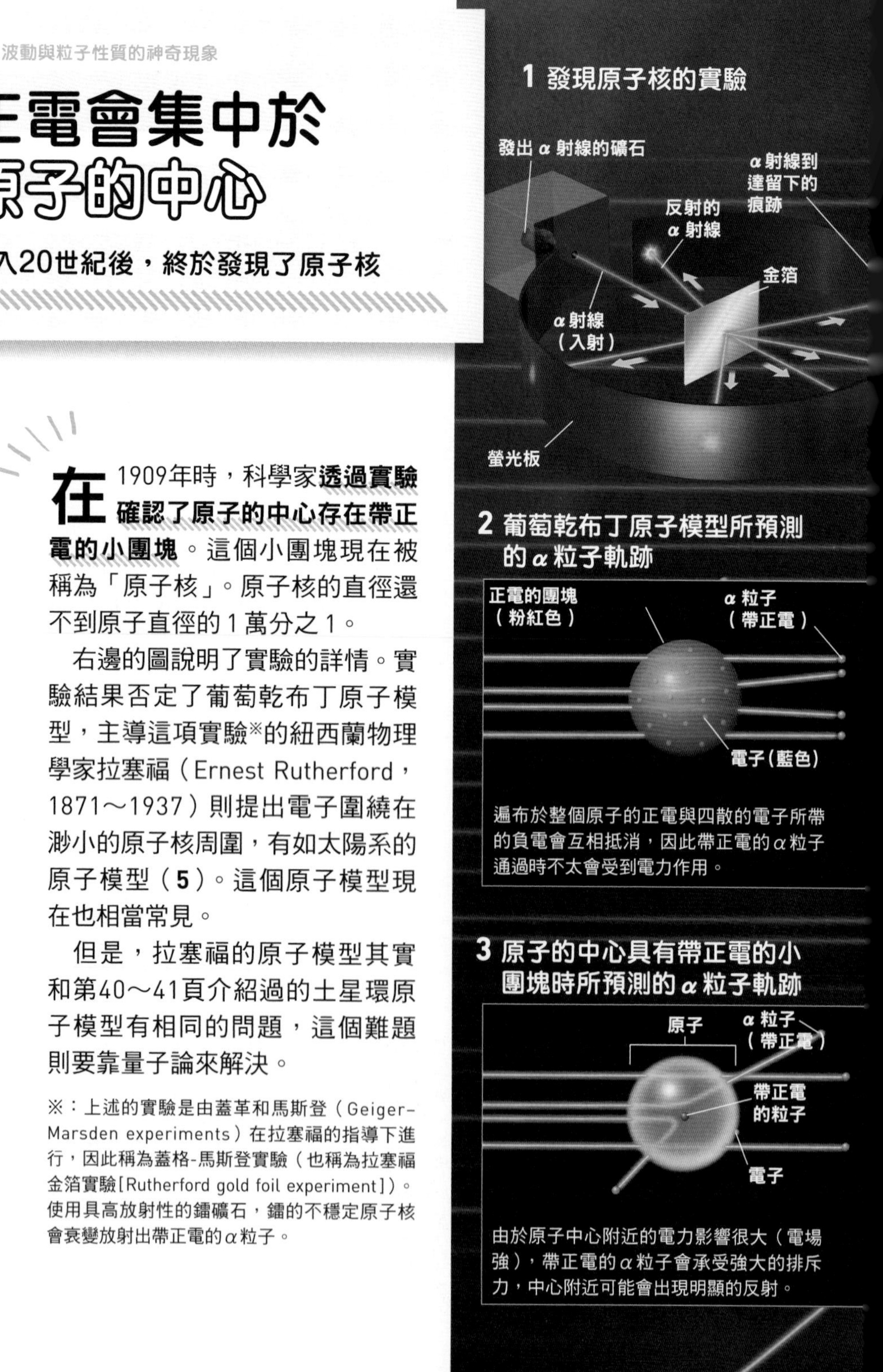

1 發現原子核的實驗
發出α射線的礦石
α射線到達留下的痕跡
反射的α射線
金箔
α射線（入射）
螢光板
2 葡萄乾布丁原子模型所預測的α粒子軌跡
正電的團塊（粉紅色）
α粒子（帶正電）
電子(藍色)
遍布於整個原子的正電與四散的電子所帶的負電會互相抵消，因此帶正電的α粒子通過時不太會受到電力作用。
3 原子的中心具有帶正電的小團塊時所預測的α粒子軌跡
原子
α粒子（帶正電）
帶正電的粒子
電子
由於原子中心附近的電力影響很大（電場強），帶正電的α粒子會承受強大的排斥力，中心附近可能會出現明顯的反射。

在1909年時，科學家**透過實驗確認了原子的中心存在帶正電的小團塊**。這個小團塊現在被稱為「原子核」。原子核的直徑還不到原子直徑的1萬分之1。

右邊的圖說明了實驗的詳情。實驗結果否定了葡萄乾布丁原子模型，主導這項實驗※的紐西蘭物理學家拉塞福（Ernest Rutherford，1871～1937）則提出電子圍繞在渺小的原子核周圍，有如太陽系的原子模型（**5**）。這個原子模型現在也相當常見。

但是，拉塞福的原子模型其實和第40～41頁介紹過的土星環原子模型有相同的問題，這個難題則要靠量子論來解決。

※：上述的實驗是由蓋革和馬斯登（Geiger-Marsden experiments）在拉塞福的指導下進行，因此稱為蓋格-馬斯登實驗（也稱為拉塞福金箔實驗[Rutherford gold foil experiment]）。使用具高放射性的鐳礦石，鐳的不穩定原子核會衰變放射出帶正電的α粒子。

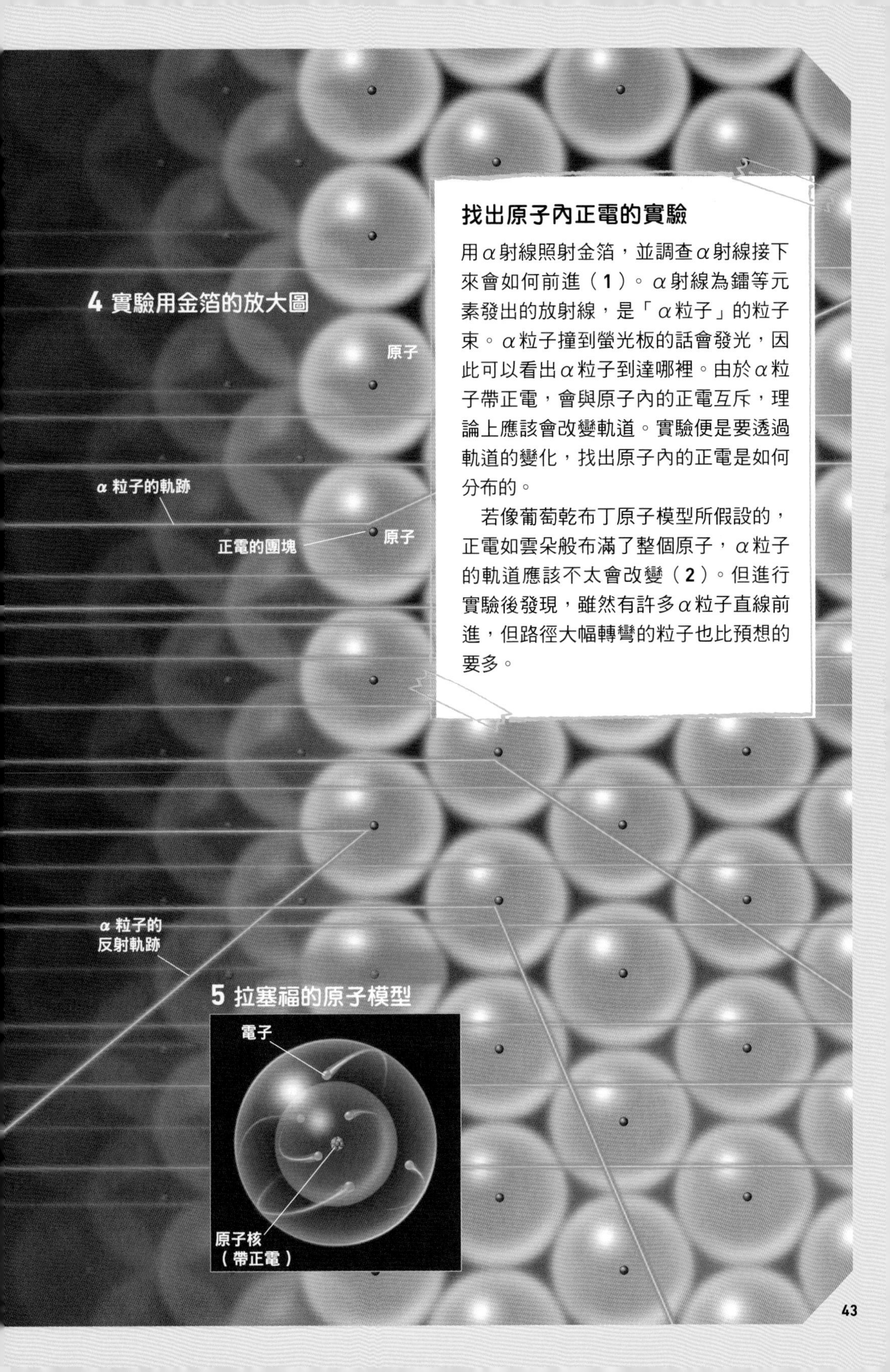

找出原子內正電的實驗

用α射線照射金箔，並調查α射線接下來會如何前進（**1**）。α射線為鐳等元素發出的放射線，是「α粒子」的粒子束。α粒子撞到螢光板的話會發光，因此可以看出α粒子到達哪裡。由於α粒子帶正電，會與原子內的正電互斥，理論上應該會改變軌道。實驗便是要透過軌道的變化，找出原子內的正電是如何分布的。

若像葡萄乾布丁原子模型所假設的，正電如雲朵般布滿了整個原子，α粒子的軌道應該不太會改變（**2**）。但進行實驗後發現，雖然有許多α粒子直線前進，但路徑大幅轉彎的粒子也比預想的要多。

兼具波動與粒子性質的神奇現象

把電子換成光來思考

電子也具有「波粒二象性」

法國科學家德布羅意（Louis de Broglie，1892～1987）在1923年主張**「電子等物質粒子具有波動的性質」**※，這是首次有人提出電子具有「波粒二象性」。由於過去科學界一直認為電子只是單純的粒子，因此這項主張完全悖離了當時的常識。

德布羅意是受到了愛因斯坦提出的光子之概念影響。當時已知光既具有波動的性質，也具有粒子的性質，就像是同時有黑白兩面的黑白棋棋子（**1**）。長久以來，人們都只知道波動性質的那一面，而粒子性質的那一面是愛因斯坦發現的。

德布羅意對電子也抱持相同的看法。**他認為人們都只知道電子具有粒子的性質，但其實電子應該還具有波動的性質（2）**。

※：德布羅意主張，「一切物質」都具有波粒二象性，日常生活中觀察不到物體的「波動性」，是因為它們的質量太大，因此呈現波動性質的幅度在日常生活經驗範圍之外。

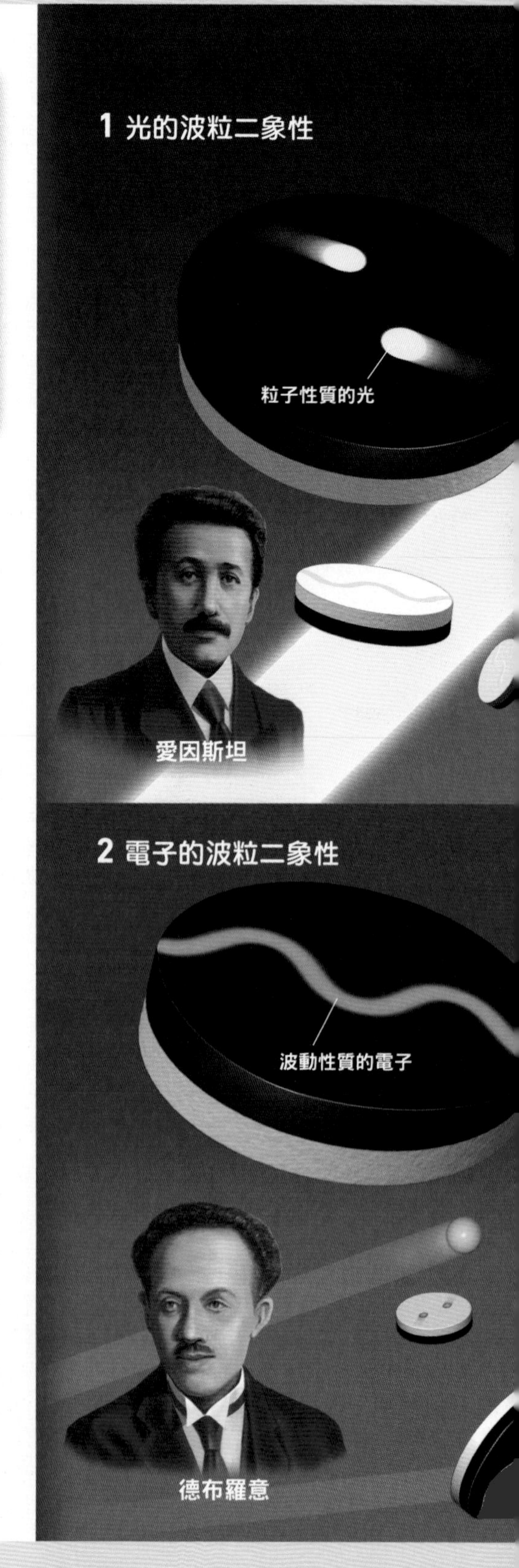

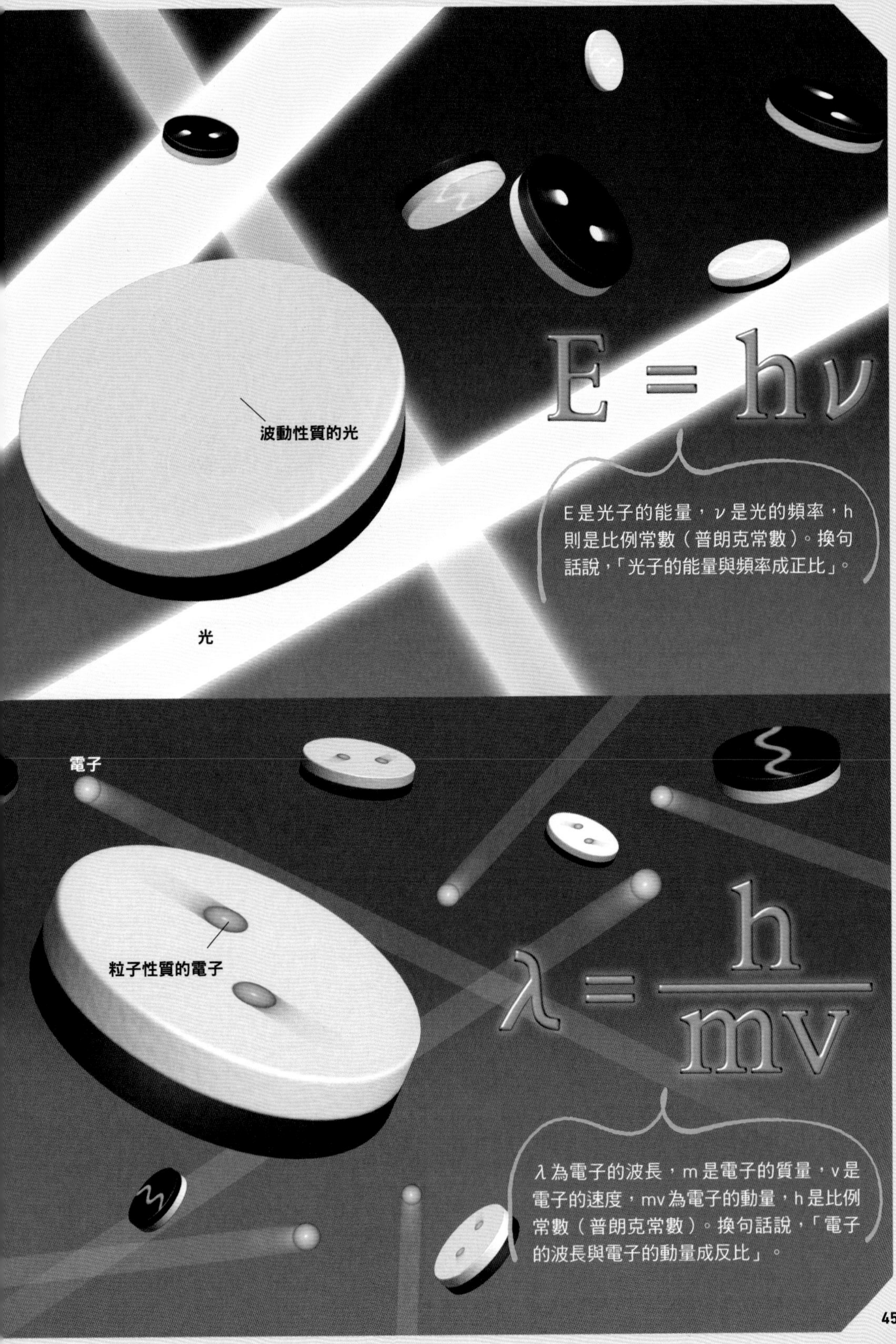

波動性質的光

$$E = h\nu$$

E是光子的能量，ν是光的頻率，h則是比例常數（普朗克常數）。換句話說，「光子的能量與頻率成正比」。

光

電子

粒子性質的電子

$$\lambda = \frac{h}{mv}$$

λ為電子的波長，m是電子的質量，v是電子的速度，mv為電子的動量，h是比例常數（普朗克常數）。換句話說，「電子的波長與電子的動量成反比」。

兼具波動與粒子性質的神奇現象

電子在軌道上以波的形態存在

軌道上只能存在一定波長的波

本單元要介紹的是丹麥物理學家波耳（Niels Bohr，1885～1962）提出的「量子論觀點的氫原子模型」。氫原子由一個電子與原子核（一個質子）構成，是結構最為單純的原子。

首先以撥動小提琴琴弦製造出的波動進行說明（**1**）。由於弦的兩端被固定住無法振動，因此無法自由創造波形。最單純的波是沒有節點（非振動部分）※的波，另外也有具有一個節點、兩個節點等整數個節點的波。無法製造出2.5個節點這種數量並非整數的波。

在量子論觀點的氫原子模型中，將電子視為經由圓形的弦傳遞的波（2～4）。此時只存在波長的整數倍恰與圓周一致的波。換句話說，電子的波動僅能存在於「波長的整數倍與圓周一致」的不連續軌道上。

1 弦樂器的波動

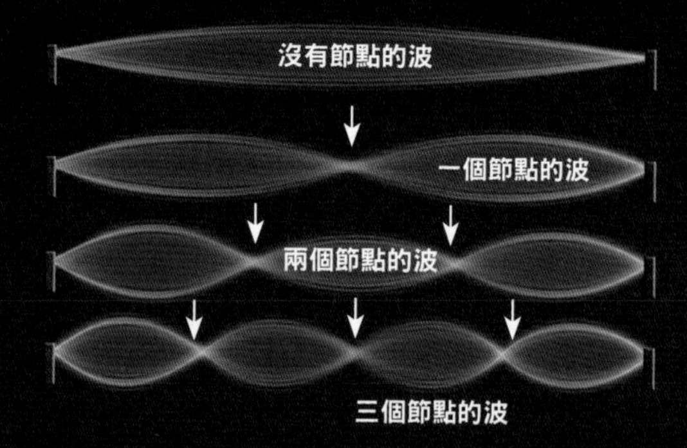

註：箭頭處代表節點（不振動的地方）

電子若要移動到其他軌道，就只能在軌道間跳躍，不可能像第41頁那樣以螺旋狀軌跡來接近原子核。

※：節點（node）是在波上具有最小振幅（0）的點，小提琴琴弦的兩端被固定住無法振動也算是節點，本單元圖例中的節點不包括頭尾兩個端點。往右行進的弦波碰到端點會被往左反射，與往右的入射波疊加在一起，若波長適當，便可形成隨時間單純振動的簡單波形，稱為駐波（standing wave）。

註：位於虛線外側的波為「波峰」，虛線內側的波為「波谷」

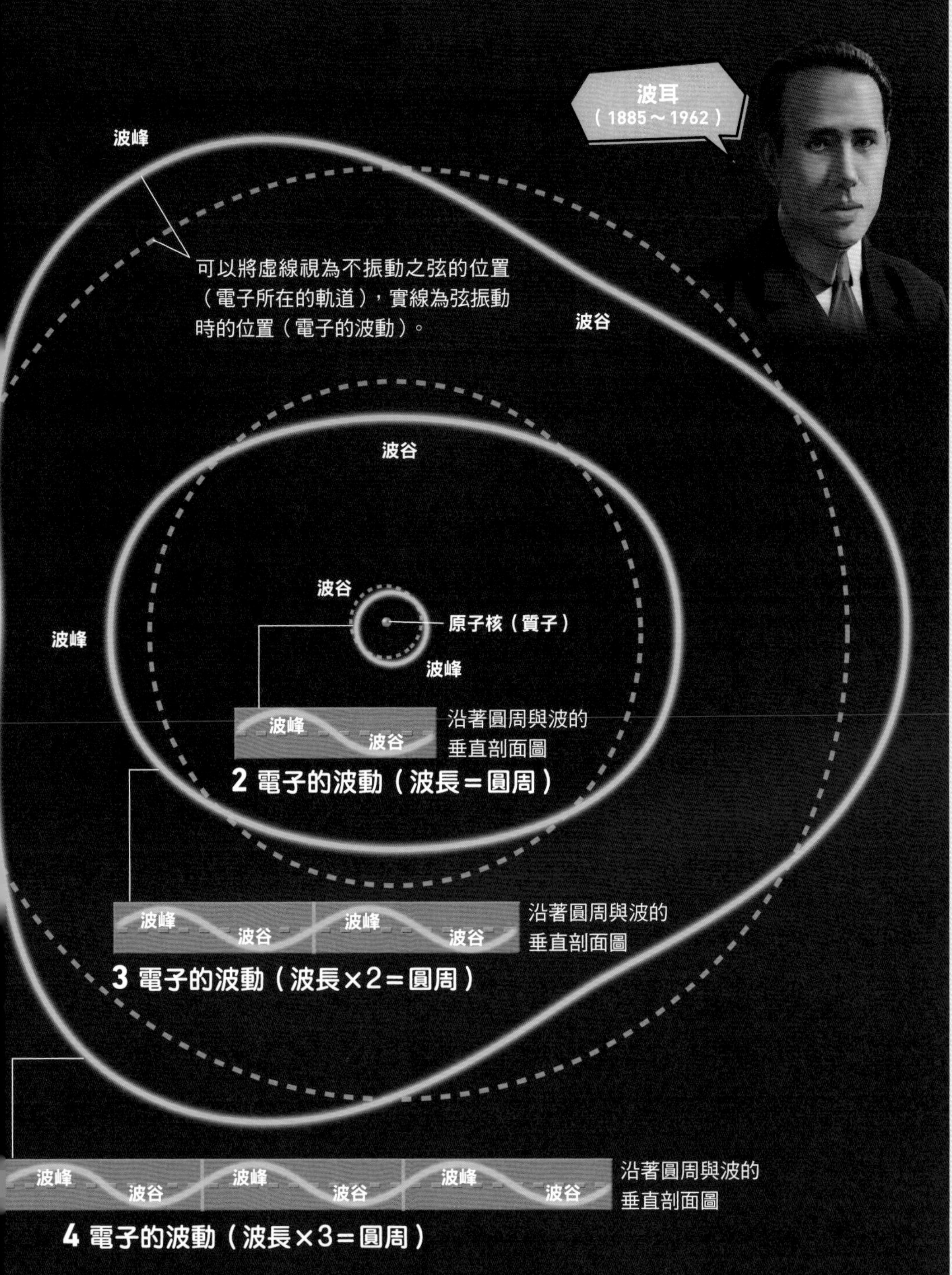

兼具波動與粒子性質的神奇現象

電子在軌道上移動的機制

電子會放出、吸收光子在軌道間跳躍

如果將電子的軌道想成是不連續的，就能說明原子吸收、放出光的現象。

電子的軌道可以想像成以同心圓狀分布，電子一般位於能量最低的內側軌道，稱為「基態」（ground state）。當基態的電子吸收了外來的光子，會吸收該光子的能量，跳躍移動（躍遷，transition）至能量較高的軌道，這種狀態稱為「激發態」（excited state）。

激發態可說是原子暫時性的亢奮狀態，不會長久持續，過一段時間電子就會放出光子，回到基態的軌道。

電子的軌道是固定的，因為軌道間的能量差也是固定的。也就是說，氫原子只會吸收、放出能量剛好與軌道間的能量差相同的光子。※

※：實際上觀測氫氣吸收、放出光的結果，與根據這個模型預測之光的能量（波長、顏色）完全一致。這個事實被視為電子是波的有力證據。

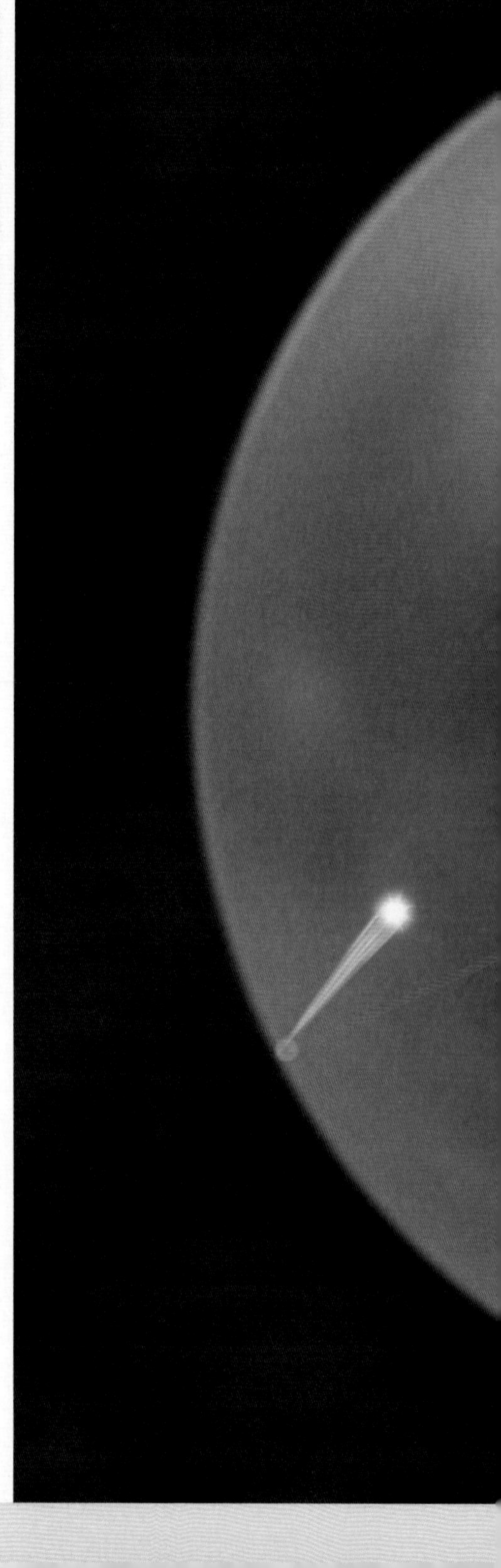

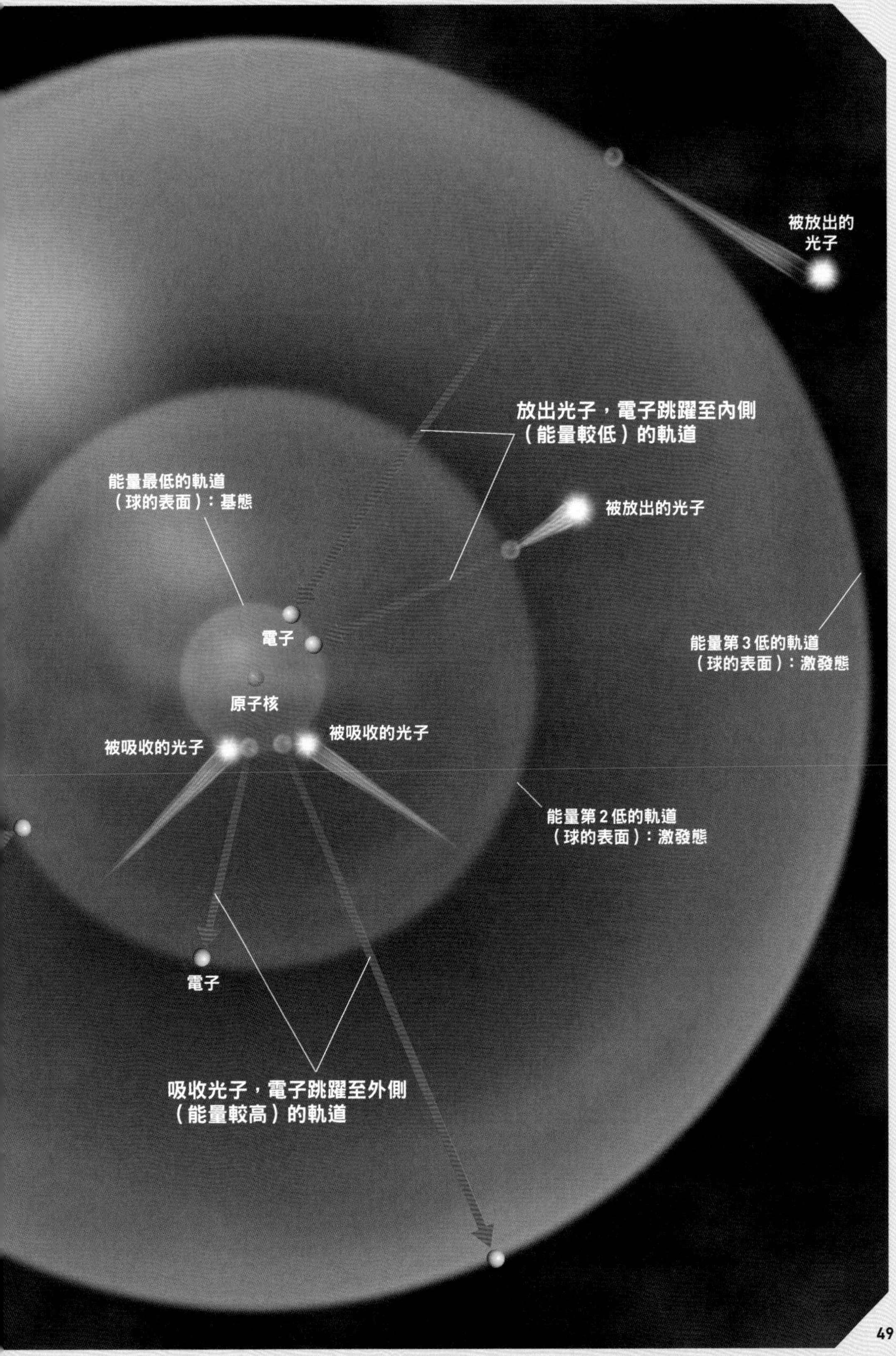

被放出的
光子

放出光子，電子跳躍至內側
（能量較低）的軌道

能量最低的軌道
（球的表面）：基態

被放出的光子

電子

能量第 3 低的軌道
（球的表面）：激發態

原子核

被吸收的光子

被吸收的光子

能量第 2 低的軌道
（球的表面）：激發態

電子

吸收光子，電子跳躍至外側
（能量較高）的軌道

Column

Coffee Break

量子論的效果是肉眼看得見的？

量子論是微觀世界的物理法則，因此我們的眼睛基本上看不到其效果。但是，**在極低溫的世界裡，量子論有時會表現出肉眼看得見的效果，例如「超流體」（superfluid）與「超導體」（superconductor）**。

在常溫下為氣體的氦在接近零下269℃（絕對溫度約4K）時會冷凝為液體，於零下271℃（約2K）時會出現摩擦力及黏度（物質黏稠程度的指標）為0的特殊性質。這種現象叫作超流體。

之所以會發生超流體現象，是因為氦的同位素氦-4是由被稱為「玻色子」（boson）的粒子所組成。光子的粒子也屬於玻色子，電子的粒子則是「費米子」（fermion），氦-4會表現出玻色子的特性※1。

將玻色子構成的物體降至極低溫狀態，量子論性質的波動會同步※2，表現得像是一個波，因而使得所有氦原子同步流動，不存在原子彼此間的衝撞等所造成的摩擦，產生超流體現象。換句話說，超流體可說是氦原子的量子論性質之「波動」表現出的肉眼可見現象。

至於超導體則是物質的電阻在極低溫時為0的現象。超導體是1911年時將水銀冷卻至零下約269℃（約4K）時所發現的。超導體的關鍵在於2個電子在極低溫狀態下結合成的「庫柏對」（Cooper pair）。雖然電子的粒子是費米子，但庫柏對會表現出玻色子的特性。由於庫柏對表現得就像是波動，因此電阻為0，即使沒有施加電壓，電流也會持續流動。也就是說，超導體可以想像成類似超流體的庫柏對。

超導體具有各式各樣的用途。例如，用於導線時可以讓巨大的電流通過而不具電阻，製造出強力的電磁鐵。這項技術目前已經應用在醫療器材（例如核磁共振儀）、粒子加速器、超導磁浮列車等領域。

※1：構成氦原子的電子等是費米子，但排列組合不同的氦-4（^{4}He）會表現出玻色子的特性。雖然氦-3（^{3}He）表現出的是費米子的特性，但因為另一種有別於氦-4的機制，同樣會產生超流體現象。

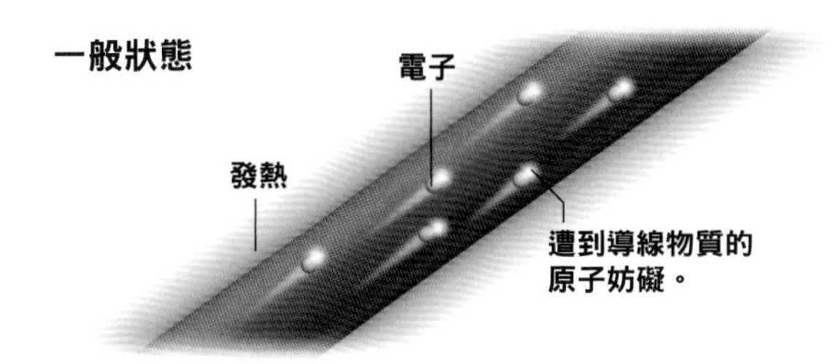
一般狀態
電子
發熱
遭到導線物質的
原子妨礙。

引發超導體現象的「庫柏對」

在一般狀態下，電子流過導線時，會與導線物質的原子相撞，稱為電阻。如果讓超導體處於低溫狀態，2 個電子會結合成一對，即為庫柏對。超導體現象就是因為庫柏對而產生的。

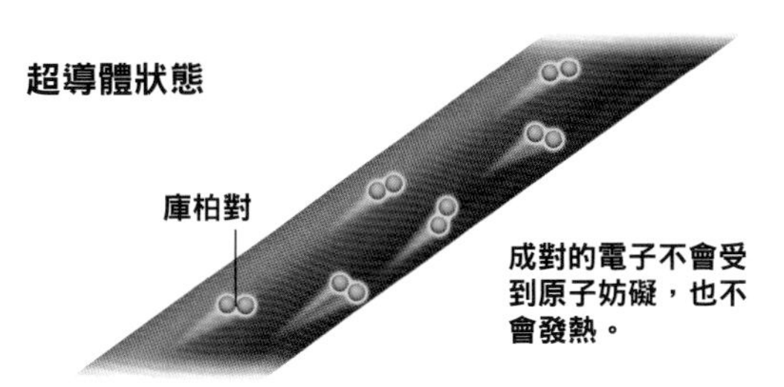
超導體狀態
庫柏對
成對的電子不會受
到原子妨礙，也不
會發熱。

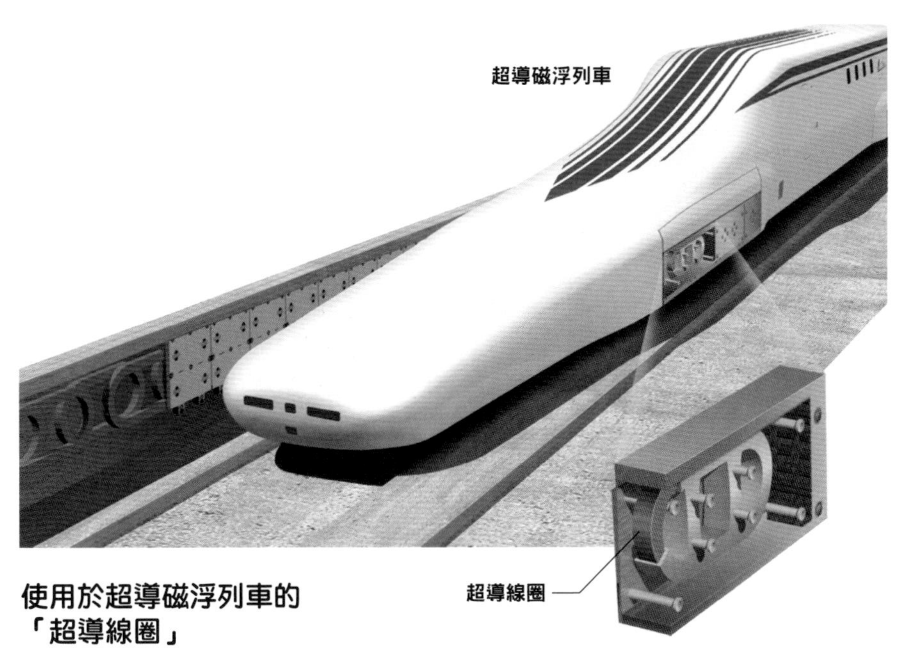
超導磁浮列車
超導線圈

使用於超導磁浮列車的「超導線圈」

目前開發中的「超導磁浮列車」使用了名為「鈮鈦合金」的超導體製成電磁線圈，用來使列車浮起和前進。

※2：在極低溫的狀況下，無數粒子會落在相同的最低能量狀態（基態）。這麼一來，無數粒子的波會因為相位一致而合成為一個大波，亦即會表現出宛如一個大粒子的行為。於是，粒子在微觀世界中具有的量子性質，便會在巨觀世界中顯現。

3

認識量子論最重要的「狀態共存」概念

理解量子論的另一關鍵是「狀態的共存」。量子論認為，在微觀世界中，「一個物體在同一時間可以存在於好幾個地方」。另外，只要一進行觀測，狀態的共存就會立刻崩潰。針對這種現象的解釋將會觸及量子論的核心部分。

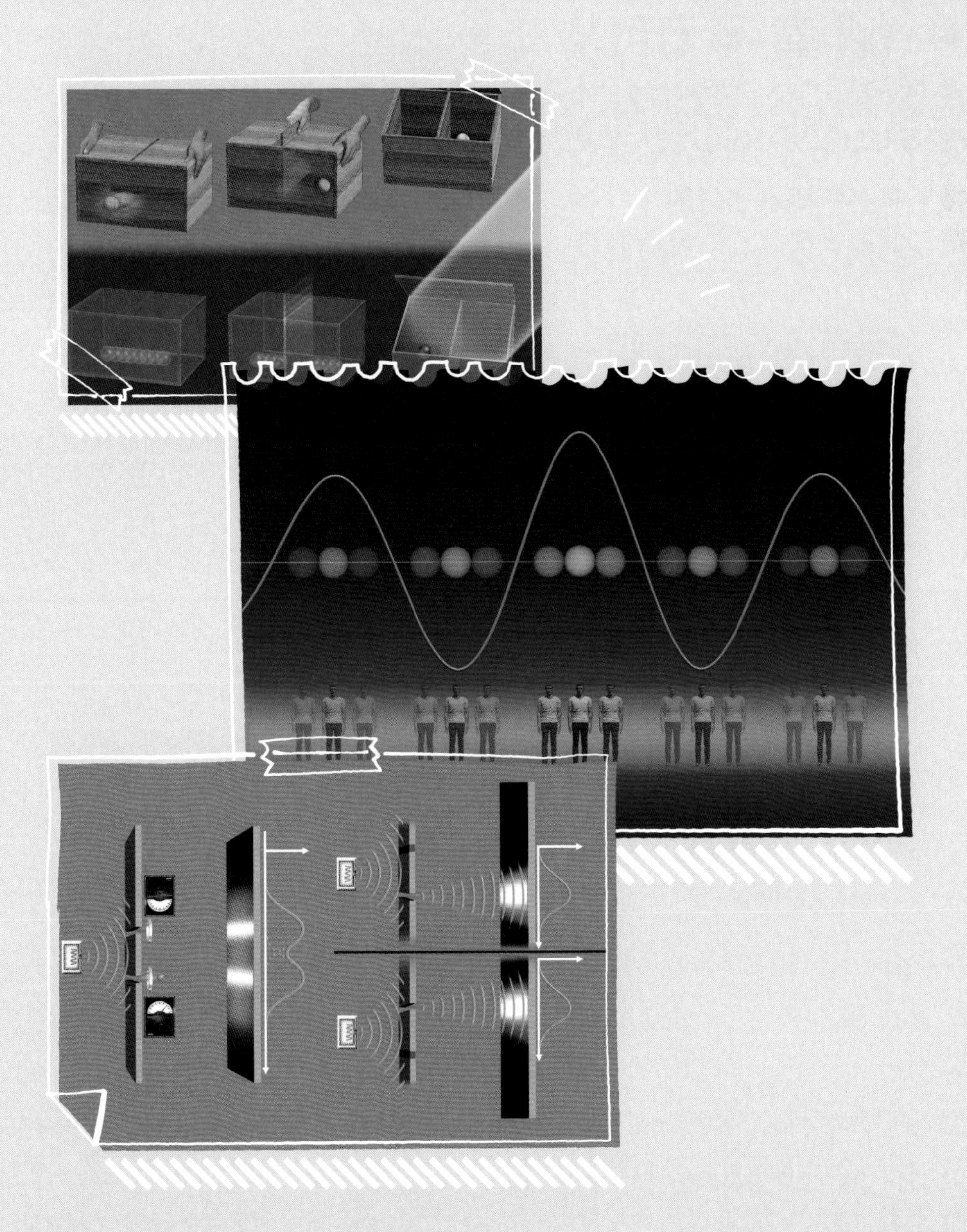

認識量子論最重要的「狀態共存」概念

一個電子可以 共存於箱子的左右兩邊

接下來將說明量子論的 第二個重要觀念「狀態的共存」

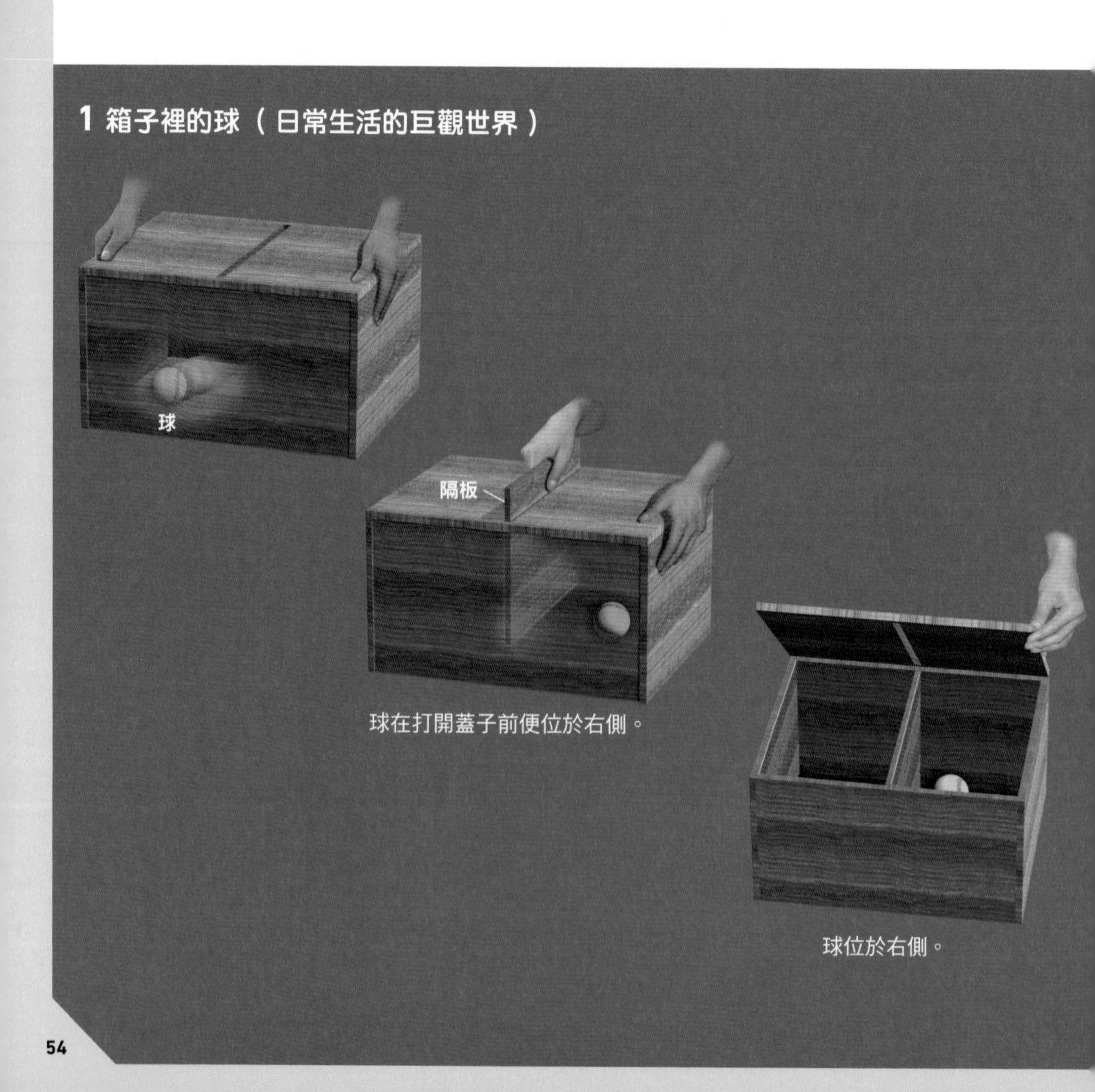
1 箱子裡的球（日常生活的巨觀世界）
球
隔板
球在打開蓋子前便位於右側。
球位於右側。

狀態的共存是指，「就算是唯一一個，電子等微觀物質及光也可以同時具有好幾種狀態」。※

先看箱子裡的球這個例子（**1**）。插入隔板後，球理所當然會在箱子的右邊或左邊的其中一邊。

接著來看假想的小箱子裡的電子（**2**）。就常識而言，箱子插入隔板後，電子應該只會在左右兩邊的其中一邊。但量子論認為，電子同時存在於箱子的左右兩邊。在微觀世界中，一個物體可以同時存在於好幾個地方。

但電子並未增加成好幾個。**在觀測前，一個電子位於右邊的狀態與位於左邊的狀態是共存的，一旦進行觀測，就會確定是哪種狀態**。

※：量子論認為微觀事物的運動和狀態都是不確定的，若推廣到巨觀世界，剛擲出的骰子、猶豫不決的人等各種不確定的事物都處於多種疊加狀態（superposition state）。在平行宇宙（parallel universe）理論中，一個處在疊加狀態的物質可以分裂，不同的狀態發生在不同的宇宙之中。

2 假想的小箱子裡的電子（必須以量子論思考的微觀世界）

電子
觀測前
即使單看右側，電子位於各種不同位置的狀態也是共存的。
照光確認電子的位置。
觀測後
電子在打開蓋子前同時存在於左右兩邊（狀態的共存）。
電子
確定電子位於左側（並不是一開始就位於左側）。

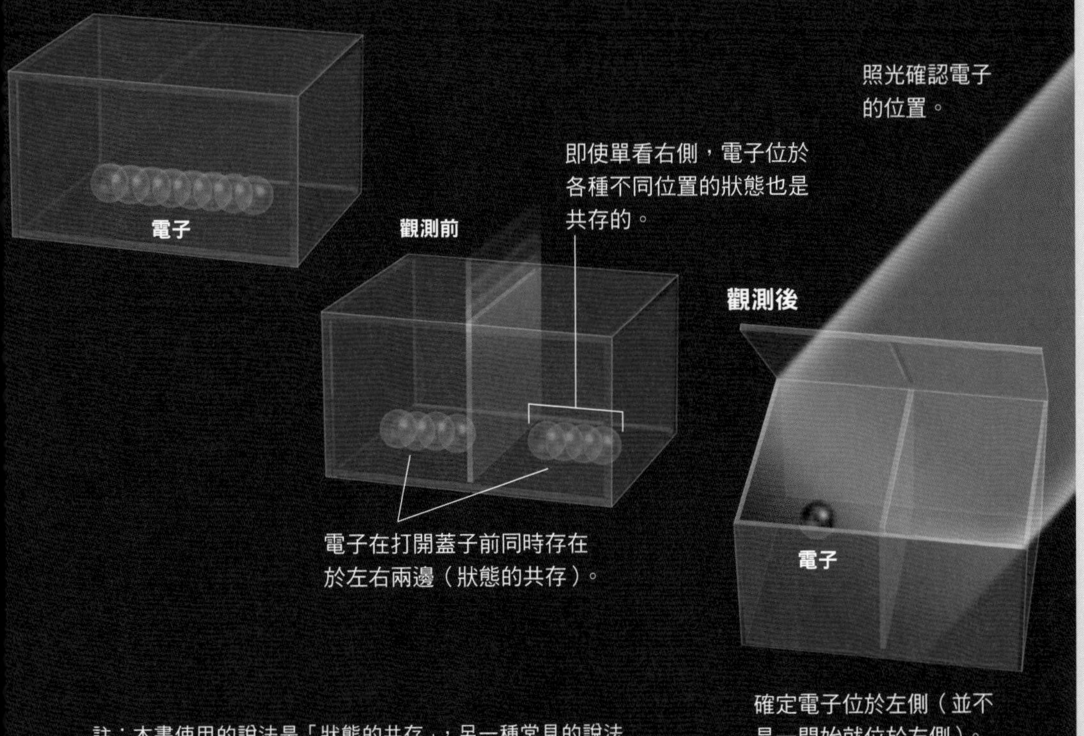

註：本書使用的說法是「狀態的共存」，另一種常見的說法是「狀態的疊加」。

認識量子論最重要的「狀態共存」概念

電子的波動性質終於真相大白！

透過干涉實驗明確揭示了電子具有波動的性質

本單元介紹的「電子的雙狹縫實驗」是一項讓人不得不正視電子具有波動性質的實驗（**1**）。

實驗的方法是在發射電子的「電子槍」前方放一塊有兩道狹縫的板子，更前方則有屏幕（相機底片或螢光板等），記錄電子撞擊時留下的痕跡。這項實驗是一次發射一個電子（非固定方向）。

若電子是單純的粒子，那應該只會直線前進，照理來說當發射電子許多次後，只有狹縫後方一帶會留下電子抵達的痕跡（**2**）。但發射電子許多次後，卻逐漸出現了明顯的條紋（**3**）。※

唯有將電子想成具有波動的性質，因波的干涉作用而出現了干涉條紋（第28～29頁）才能說明這個結果。由此可知，電子具有既是粒子也是波動的神奇性質。

※：這項實驗說明了一個電子確實可以同時通過兩道狹縫。也就是說，通過A狹縫的狀態和通過B狹縫的狀態，這兩者是並存的。唯有波才具有這樣的性質。

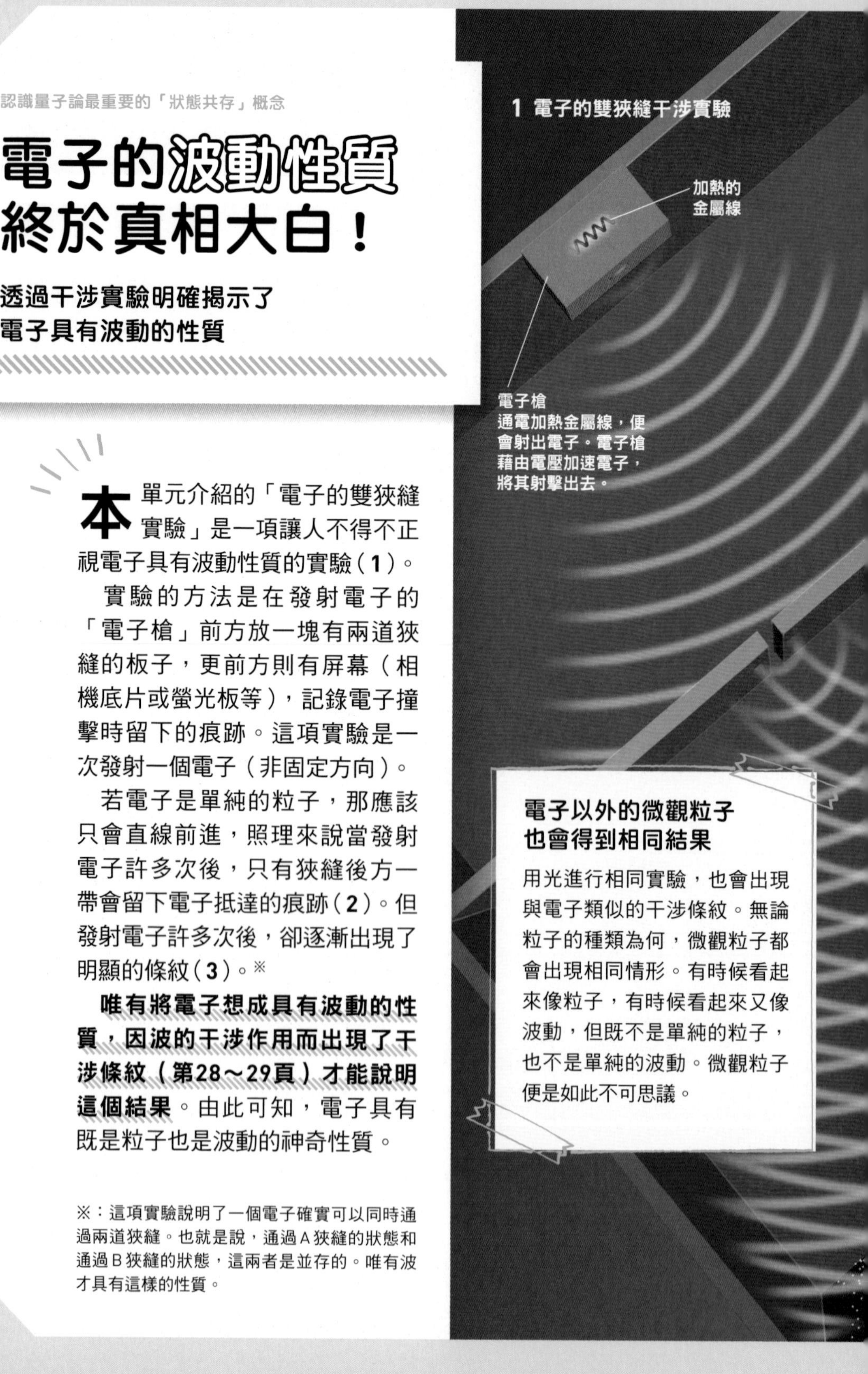
1 電子的雙狹縫干涉實驗
加熱的
金屬線
電子槍
通電加熱金屬線，便會射出電子。電子槍藉由電壓加速電子，將其射擊出去。

電子以外的微觀粒子也會得到相同結果

用光進行相同實驗，也會出現與電子類似的干涉條紋。無論粒子的種類為何，微觀粒子都會出現相同情形。有時候看起來像粒子，有時候看起來又像波動，但既不是單純的粒子，也不是單純的波動。微觀粒子便是如此不可思議。

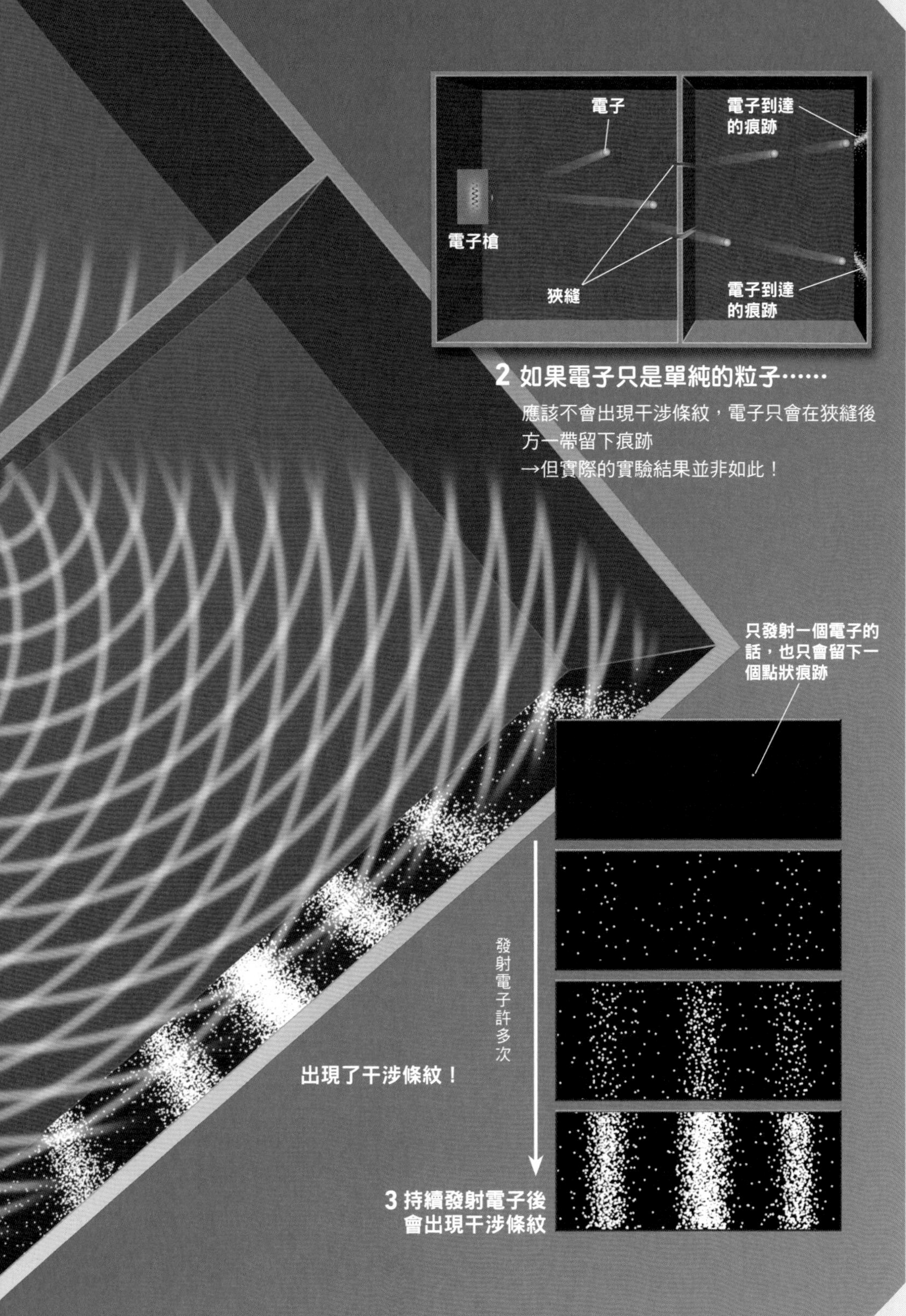

2 如果電子只是單純的粒子……

應該不會出現干涉條紋，電子只會在狹縫後方一帶留下痕跡
→但實際的實驗結果並非如此！

3 持續發射電子後會出現干涉條紋

認識量子論最重要的「狀態共存」概念

一旦進行觀測，電子的波動就會縮為一點

只要進行觀測，粒子的樣貌便會現身

在電子的雙狹縫實驗中，既然電子以波動形式抵達屏幕，在屏幕上的很多地方都有可能被發現，為什麼電子只會在屏幕上的1個點留下痕跡（只有1個點被觀測到）呢？仔細思考這個問題的話會讓人覺得十分神奇。

在抵達屏幕前，電子的波動會擴散到整面屏幕（**1, 2**），由於波動在屏幕上的一點被觀測到，在此瞬間，電子的波動會「塌縮」成沒有寬度的尖銳針狀波※（**3**）。

針狀的波事實上與粒子相同，粒子會在某一點確實被發現。**換句話說，「一旦進行觀測，電子的波動就會塌縮，展現出粒子的樣貌」。因為觀測的關係，原本的波動會只留下針狀的成分並消失無蹤**。觀測結束後，電子又會再度以波動的型態往周圍擴散。

※：在觀測瞬間，電子的波函數（與發現機率有關）「塌縮」成沒有寬度的針狀曲線波，即意謂著會在那一點被發現。

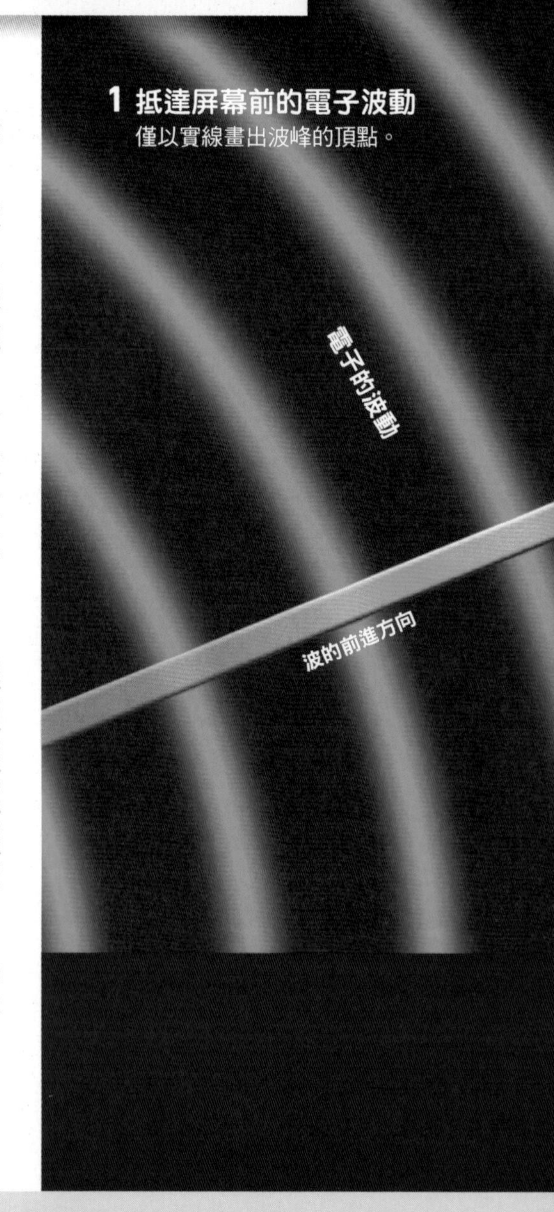

1 抵達屏幕前的電子波動
僅以實線畫出波峰的頂點。

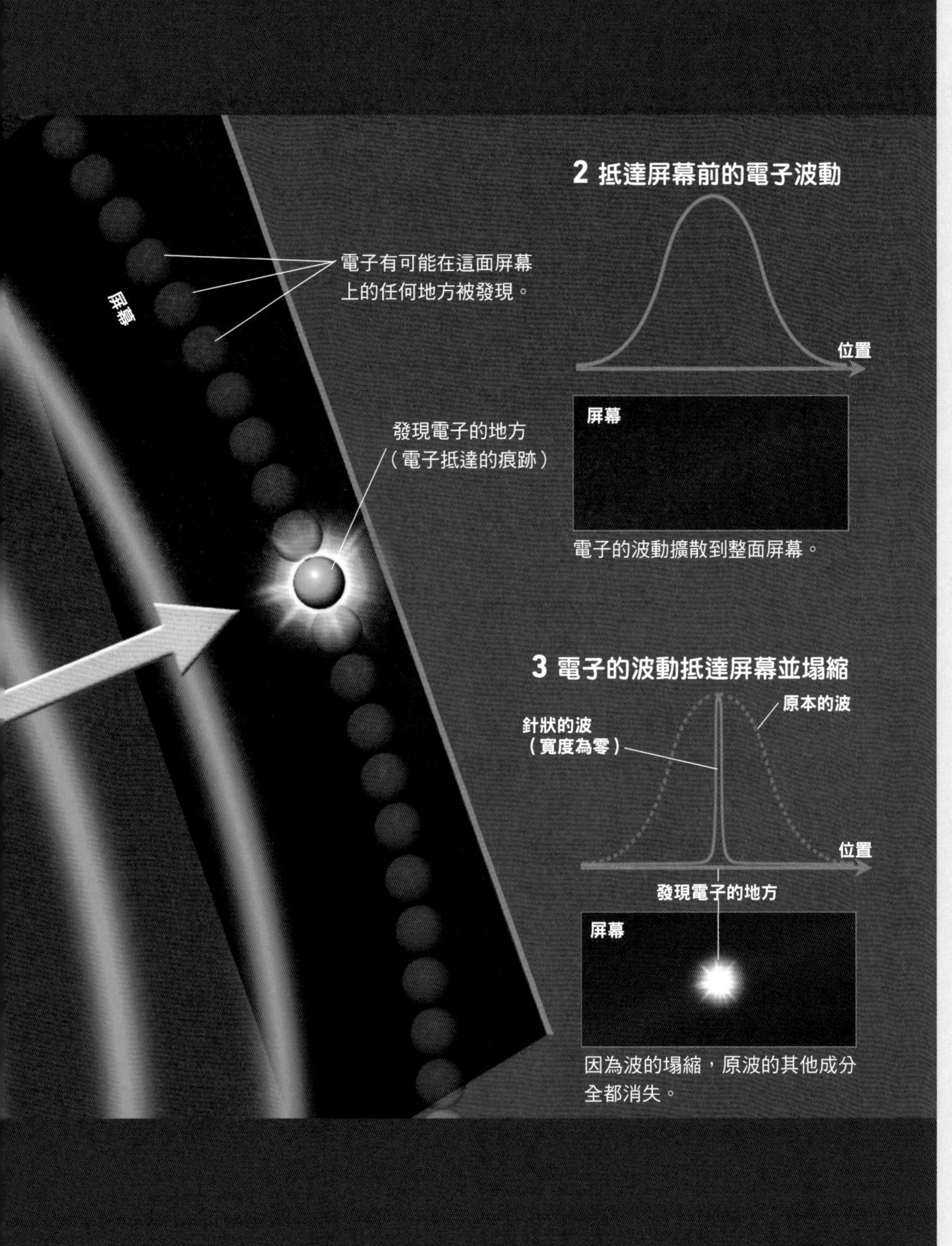
屏幕
電子有可能在這面屏幕
上的任何地方被發現。
發現電子的地方
（電子抵達的痕跡）
2 抵達屏幕前的電子波動
位置
屏幕
電子的波動擴散到整面屏幕。
3 電子的波動抵達屏幕並塌縮
原本的波
針狀的波
（寬度為零）
位置
發現電子的地方
屏幕
因為波的塌縮，原波的其他成分
全都消失。

認識量子論最重要的「狀態共存」概念

「電子的波動」是怎樣的波？

與電子的發現機率有關

由於電子的波動是非常抽象的概念，因此可能難以想像。一般而言，波動都具有傳遞波動的「介質」。海的波動的介質是水，聲波的介質則是空氣，但是電子的波動沒有介質。

電子的波動與「電子的發現機率」（第62～63頁）有關。在波動的振幅越大的地方，發現機率越高；振幅越小的地方，發現機率越低。※

如果將空間中各點發現電子的機率畫成圖形，會呈現出波的形狀。電子的波動會持續往空間中擴散，這意謂著電子是同時「共存」於各個位置。

如何解釋電子的波動是一個困難的問題，但將電子視為波動進行計算，並預測其行為特性的話，可以完美解釋各式各樣的實驗結果。

※：電子雙狹縫實驗（第56～57頁）的兩個電子波相遇，波形會疊加，使得電子波的振動更為顯著或微弱，在屏幕上形成干涉條紋。明亮的條紋代表振幅增強，電子的發現機率最高；暗色的條紋則代表振幅減弱，電子的發現機率最低。

電子的波動不是由許多電子集合而成的

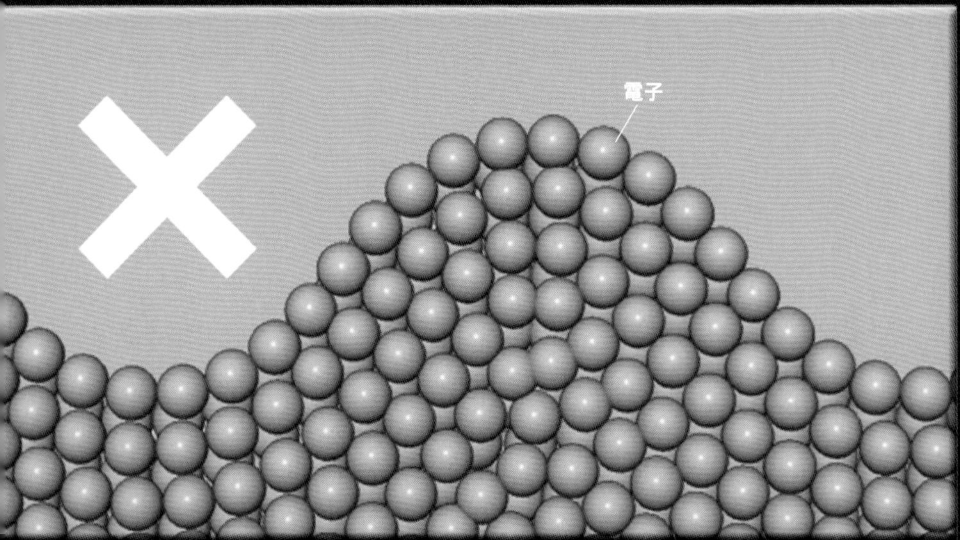

電子

電子的波動不代表電子是以波浪狀前進

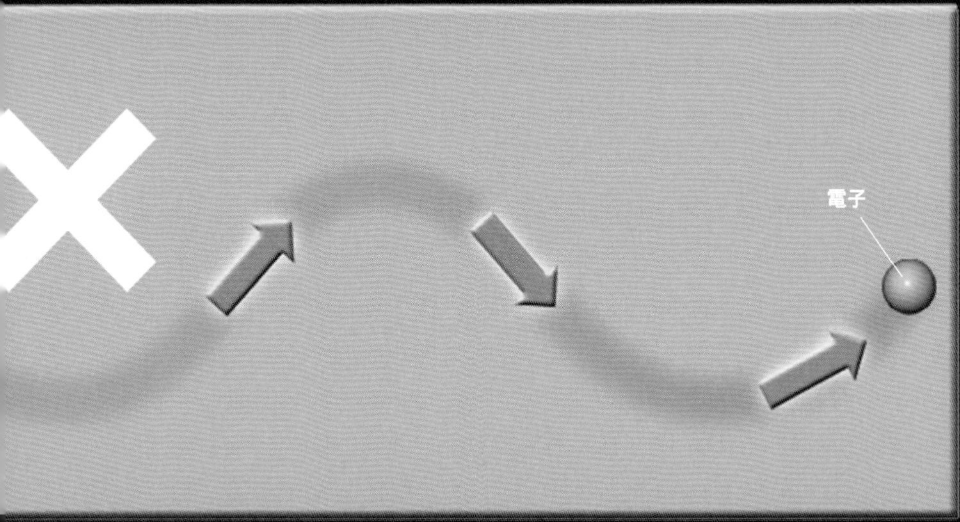

電子

認識量子論最重要的「狀態共存」概念

電子會「分身」同時存在於各個地方

電子的發現機率有高有低而且會同時存在於多個地方

認識電子的波動

如果將電子的波動（波函數）※1畫成圖形，圖形離橫軸越遠的地方（波峰頂端或波谷底部），代表發現電子的機率越高。排列在橫軸上的電子在發現機率越高的地方顏色越深（較不透明），在發現機率越低的地方顏色越淺（較為透明）。

※1：波函數表示粒子在位置與時間坐標上的機率幅（probability amplitude），它的絕對值平方是在某位置、某時間找到粒子的機率密度。

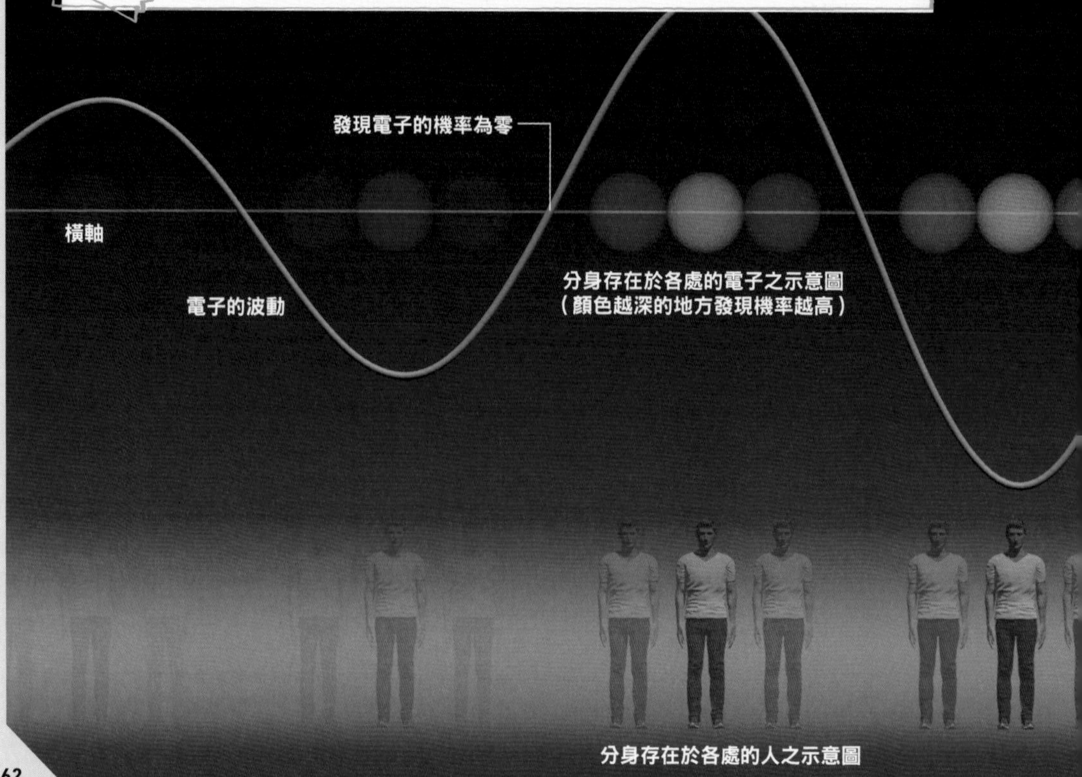

發現電子的機率為零

橫軸

電子的波動

分身存在於各處的電子之示意圖
（顏色越深的地方發現機率越高）

分身存在於各處的人之示意圖

如果反覆觀測電子的位置，可以知道在哪個位置大約有多少機率發現電子，這叫作「電子（在各個位置）的發現機率※2」。

下方的圖是以許多顏色深淺不同的電子（粒子性質的電子）表現出電子的波動。顏色越深的地方代表發現的機率越高。換句話說，一個電子會「分身」同時存在於發現機率不同的各個地方。

重點在於，電子並不是「存在於某一處，只是人類（觀測者）不知道而已」。在觀測前，電子確實以波動的樣態擴散（「分身」）存在。

電子兼具波動與粒子的性質，反過來說，電子既非單純的波動，也非單純的粒子。因此電子是只能用「具有量子論性質」來形容的神奇存在。

※2：正確來說應該是電子的波動在某瞬間之觀測值（振幅，波函數的函數值）之絕對值的平方，與發現機率成正比。另外，電子的波動一般會取複數值。複數是使用−1的平方根「虛數單位 i」，以 $a+bi$ 的形式表現的數（a 與 b 為實數）。

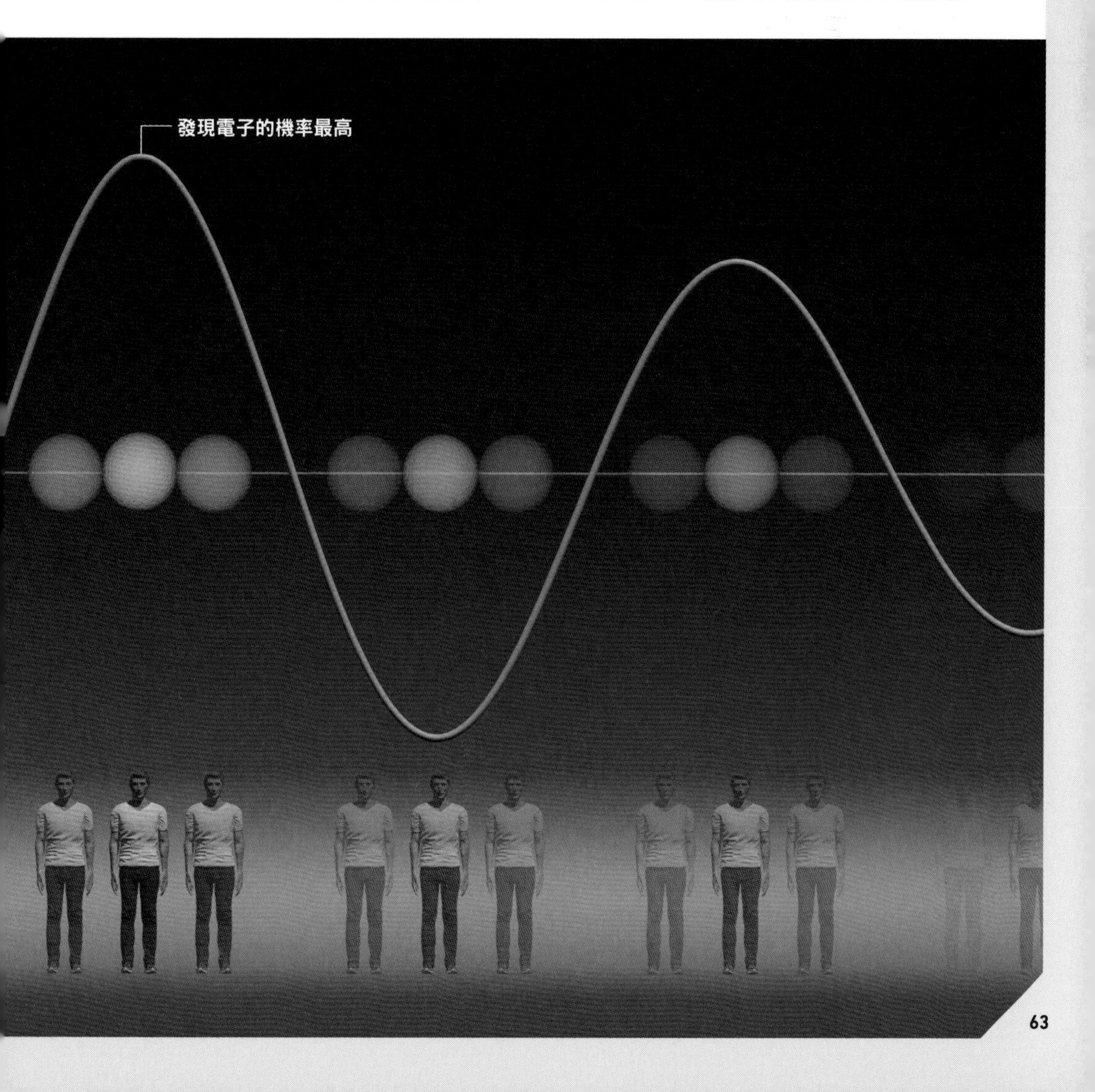

認識量子論最重要的「狀態共存」概念

「觀察前」為波動，「觀察到的瞬間」變為粒子

一旦進行觀測，電子的波動就會塌縮於一點

電子的波動會在「觀察」的瞬間縮起來

左頁圖為粒子性質的電子之示意圖，右頁圖則畫出電子的波動在觀測前後會表現出何種特性。另外也將電子比擬為人，畫成示意圖。電子一開始是以波動的形式在空間中擴散，但只要進行觀測就會縮於一處（波的塌縮），對應到以粒子的型態出現的電子。觀測結束之後，電子的波動又會再度往周圍擴散。

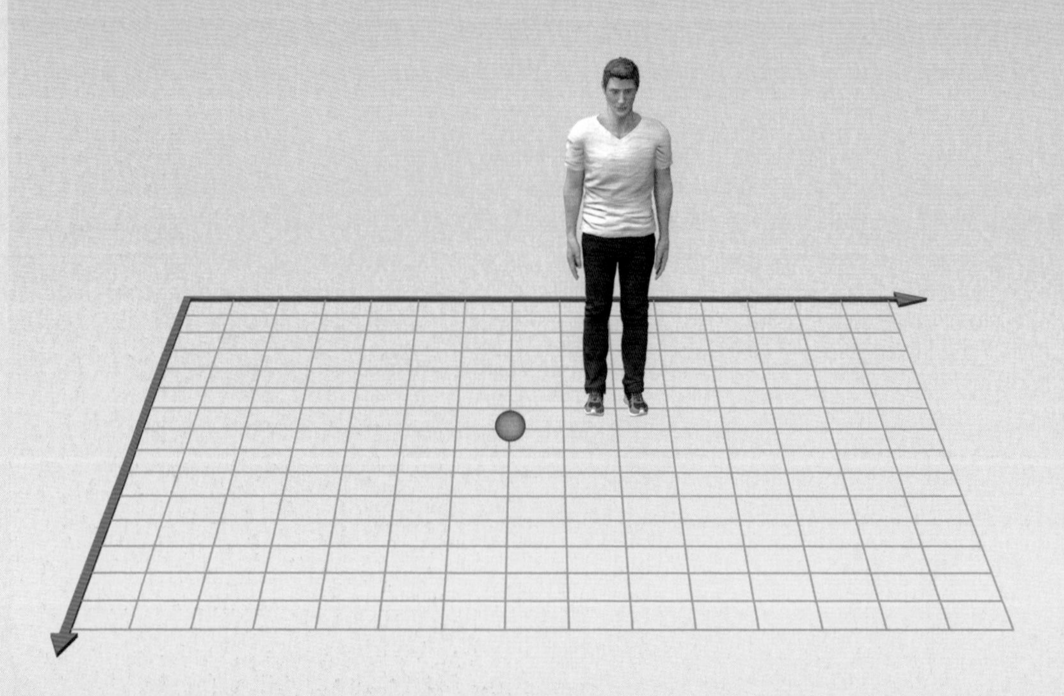

這裡先來整理「狀態的共存」標準的解釋。

假設有一個電子。**觀測前的電子會以波動的型態存在，於空間中擴散。但在進行觀測的瞬間，波會縮於某一點，電子表現出粒子的型態**。電子會出現在哪裡，只能用機率判斷。觀測結束後，電子又會以波動的形式往周圍擴散。

為什麼電子在被觀測到的瞬間會從波動變成粒子？通常觀測裝置都是較電子大上許多倍的巨大物體（巨觀物體），一般認為，「電子的波動一旦與巨觀物體相互作用就會塌縮」。**普遍的解釋是因為與沒有波動性質的巨觀物體接觸，使得電子喪失了波動的性質。**

這種論點受到想出「量子論觀點氫原子模型」（第46～47頁）的波耳等活躍於哥本哈根的物理學家支持，而被稱為「哥本哈根詮釋」（Copenhagen interpretation）※。但為何與巨觀物體相互作用就會使電子的波動塌縮，至今仍然成謎。

※：哥本哈根詮釋指的是1925～1927年間發展的思想，認為量子力學本質上是不確定性的，主要是由波耳和海森堡（Werner Heisenberg）共同提出的。1920年代中期，海森堡曾在波耳位於哥本哈根的研究所擔任助手，協同其他科學家創立了量子力學理論。

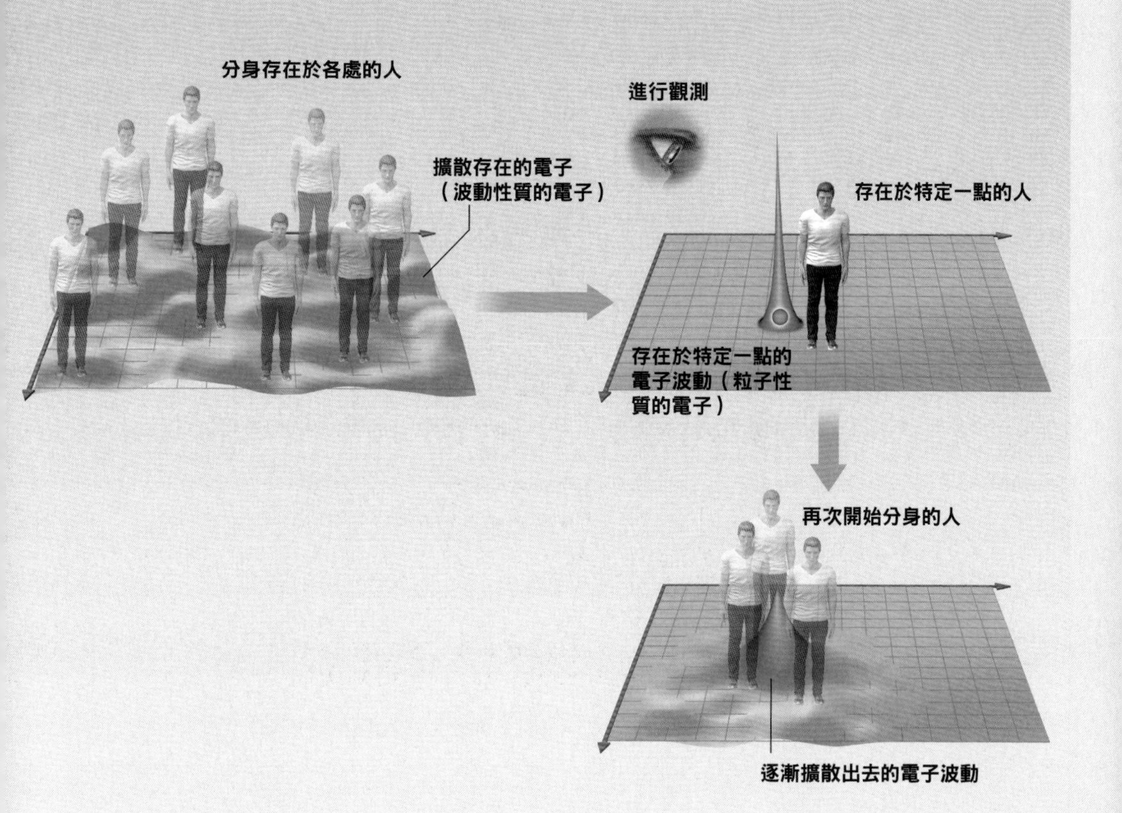

認識量子論最重要的「狀態共存」概念

一個電子會通過兩道狹縫

若不是通過兩道狹縫就不會出現干涉條紋

本單元要從另一個角度來探討電子的雙狹縫實驗（第56～57頁）。

一個電子從電子槍發射出來後，會變為波動，同時通過狹縫A與狹縫B。這就像是一個人同時走過位於兩個房間之間的兩扇門，移動到隔壁房間。真的會有這種事情嗎？

我們可以再進行一次雙狹縫實驗，並在狹縫A與狹縫B旁邊裝上只要有電子通過就會偵測到的觀測裝置，確認電子是從哪一道狹縫通過的（**1**）。有意思的是，這時候不會出現干涉條紋※。

電子一開始是以橫跨兩道狹縫的形式分布，但只要意圖確認電子會通過哪一道狹縫，電子的波動就會因這項觀測行為而塌縮，只通過其中一道狹縫。干涉需要兩個波（第26～27頁）才會發生，電子只通過其中一道的話，並不會發生干涉。

另外，這時候屏幕上顯現出的電子分布，和單純封閉狹縫A時的電子分布（**2**）與封閉狹縫B時的電子分布（**3**）兩者相加的結果相同。

也就是說，**干涉條紋代表電子通過狹縫A的狀態與通過狹縫B的狀態是共存的**。

※：以光子進行這項實驗也會得到相同結果。

微觀世界的常識

在巨觀世界中，一個人無法同時走過兩扇門移動至隔壁房間。但在微觀世界中，一個電子可以同時通過兩道狹縫。

1 在狹縫裝設電子觀測裝置進行實驗　**2 封閉狹縫A進行實驗**

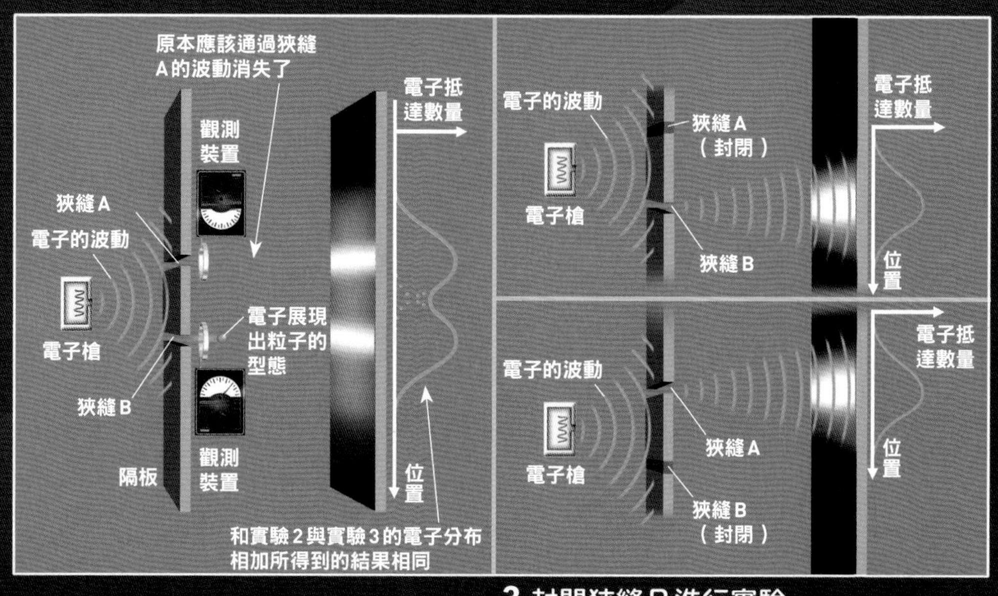

3 封閉狹縫B進行實驗

Column

Coffee Break

連愛因斯坦也對量子論抱持懷疑

前面介紹的「狀態的共存」或許會讓人覺得太神奇而難以接受，但這也是沒辦法的事。**理解量子論必須捨棄原有的常識，從根本重新思考「物的存在」**。

即使在觀測後知道箱子裡的電子位在左側，也不等於「電子原本就位在左側」。而是因為觀測，使得「原本共存於左右兩側的狀態」變成了「位在左側的狀態」。也就是說，「進行觀測」這項行為對電子的狀態造成了影響。

但愛因斯坦非常不認同建立在這種觀念上的量子論。他曾經詢問主張量子論的科學家說：「你真的相信月亮只有在你觀看的時候才存在嗎？」※

雖然連物理學界的泰斗都無法輕易相信量子論，但實際上有許多微觀現象還是得透過量子論才能加以解釋。

※：當時愛因斯坦詢問的科學家是波耳的助手派斯（Abraham Pais）。1905年，愛因斯坦提出「光量子假說」時，波耳是最強烈的反對者之一，直到1925年才公開接受它。儘管兩人的觀點存在分歧，但波耳和愛因斯坦仍然保持著相互的欽佩，一輩子都是好朋友。

愛因斯坦

認識量子論最重要的「狀態共存」概念

歧異最大的量子論詮釋

愛因斯坦強烈反對哥本哈根詮釋

1 擴散的電子波動可以視為無數針狀波的集合

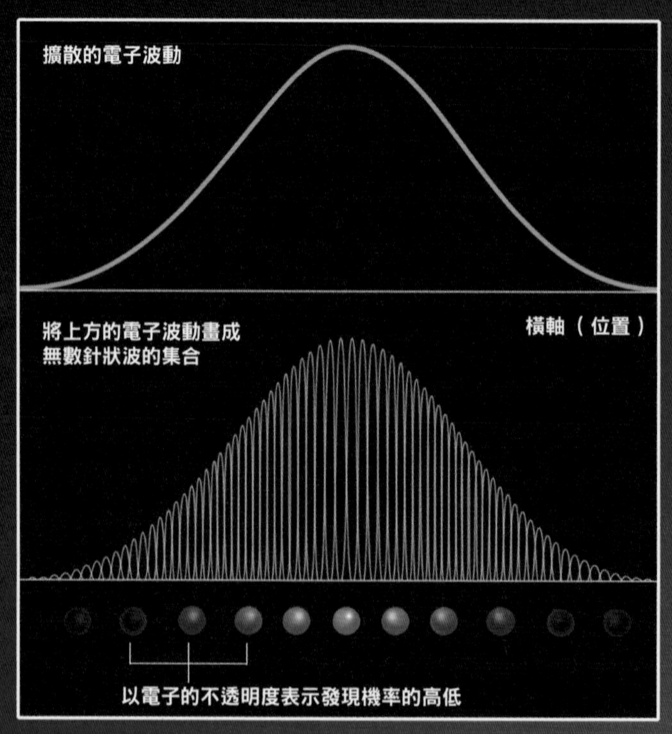

擴散的電子波動（上）可以視為無數針狀波的集合（下）。針狀波的高低對應了電子在該處被發現的機率。換句話說，同時位於發現機率不同的各個位置的狀態是共存的。

這裡要闡述的是科學界對於量子論的不同觀點。

第64～65頁介紹過的哥本哈根詮釋認為，就擴散的電子波動而言，電子在波動範圍內的任何地方都有可能被發現（**1**）。雖然發現機率有高低之別，但由於電子共存於各處，因此，**只能以機率來預測電子會在哪裡被發現**。

對量子論的發展有重大貢獻的愛因斯坦則認為「上帝不擲骰子!」強烈反對這種發現機率論點（**2**）。

愛因斯坦的看法是「如果哥本哈根詮釋是對的，那麼就算是全知全能的上帝也不會知道電子存在於何處」。在愛因斯坦看來，「這簡直就像上帝是擲骰子決定電子的位置在哪裡一樣」，因此無法認同哥本哈根詮釋。※

※：愛因斯坦認為哥本哈根詮釋的量子論是不完備的，隨機性或測不準原理不是客觀物理世界的根本，只不過是人們對它的認識不完備而已。

2 愛因斯坦主張「上帝不擲骰子」，強烈反對哥本哈根詮釋

認識量子論最重要的「狀態共存」概念

「半死半活的貓」存在嗎？

薛丁格對於偏激的詮釋提出批判

在學者對量子論提出的詮釋之中，甚至曾經出現「波動的塌縮是在人腦認知到測量結果時發生的」之類的言論。

身為量子論創始者之一的薛丁格（Erwin Schrödinger，1887～1961）則藉由貓的思想實驗（詳細內容見右圖）批判這類說法。

如果開頭的言論是正確的，要直到觀測者確認箱子內部的情形才會決定貓的死活。換句話說，在觀測者窺視箱子內部以前，貓已經死亡的狀態和貓仍然活著的狀態是共存的。**薛丁格強烈批評「這種詮釋等於容許半死半活的貓這種荒謬的事存在」**。

這項思想實驗被稱為「薛丁格的貓」。雖然許多學者都認為半死半活的貓是不可能的事，但並沒有建立起統一的解釋。

不久後，「薛丁格的貓」經常以幽默的方式出現在流行文化中，從科幻小說到戲劇，作品中都採用薛丁格的思想實驗作為情節設計和隱喻。

「薛丁格的貓」思想實驗

只要探測器偵測到放射性礦石發出的放射線（放射性微弱，原子核衰變是否發出放射線的機率各半），就會啟動鎚子敲破裝有揮發性氰化氫液體的玻璃瓶產生毒氣將貓毒死。根據開頭的詮釋，在觀測者打開窗口觀察箱子內部以前，貓是生是死都是不確定的。

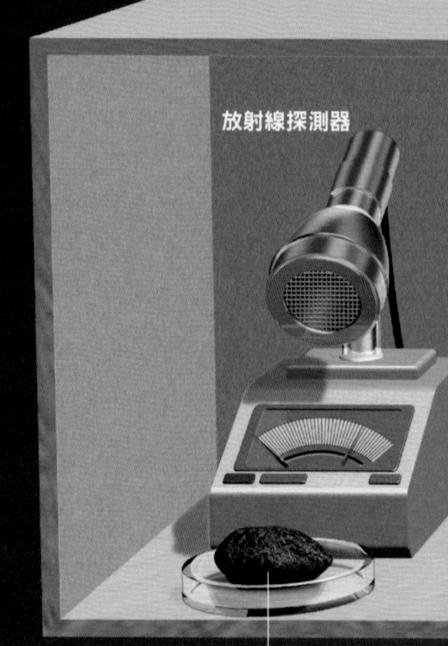

觀測者

打開窗口前無法
得知貓是生是死

在打開窗口觀測箱子內部前，貓仍然活著的狀態
和貓已經死了的狀態是共存的??

活著的貓

死掉的貓

只要探測器偵測到放射線，
鎚子就會敲破瓶子

玻璃瓶內的揮發性
氰化氫液體會產生
毒氣

瓶子破掉
冒出毒氣

認識量子論最重要的「狀態共存」概念

在微觀世界中，一切都變得曖昧不明

電子的波動也不例外

本單元要介紹的是「自然界的一切都是曖昧不明的」這個觀點。

如果防波堤之間空隙很大，波浪在經過防波堤後會幾乎直線前進(1)。如果防波堤之間空隙很小，波浪在經過防波堤後則會大範圍擴散(2)。這是波動的基本性質，電子的波動也一樣。※

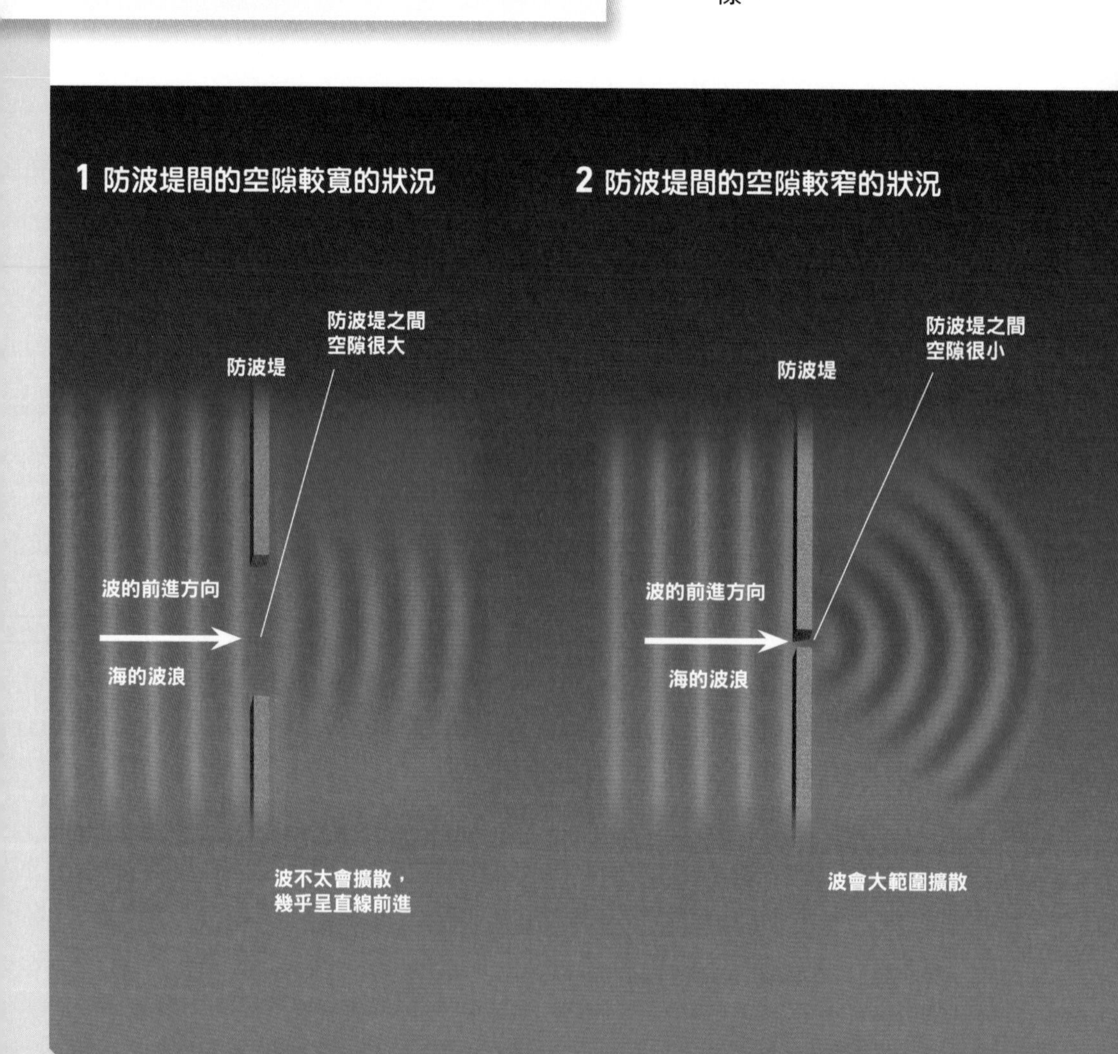

接著來看通過狹縫的電子會是如何。如果狹縫變寬了（**3**），電子的波動通過時，無法知道電子位在狹縫的何處，可以說「位置的不確定性」較大。由於電子通過狹縫後會幾乎直線前進，因此可以說「運動方向的不確定性」較小。

如果狹縫很窄（**4**），電子的波動通過狹縫時，可以說電子的「位置的不確定性」較小。而電子通過狹縫後會大範圍擴散前進，因此可以說「運動方向的不確定性」較大。

※：波遇到障礙物時會繞到障礙物後面繼續傳播，稱為繞射。基本上，波長越長越容易發生繞射。由於可見光的波長較短，約400～800奈米（0.0004～0.0008公釐），所以光在日常生活中幾乎不會發生繞射，只會反射並在障礙物後面形成陰影。由於電子的波長約0.1奈米（0.0000001公釐）比光波短得多，所以想使電子發生繞射時就需要更微小的障礙物縫隙，實驗時一般是採用晶格狀原子結構組成的晶體。

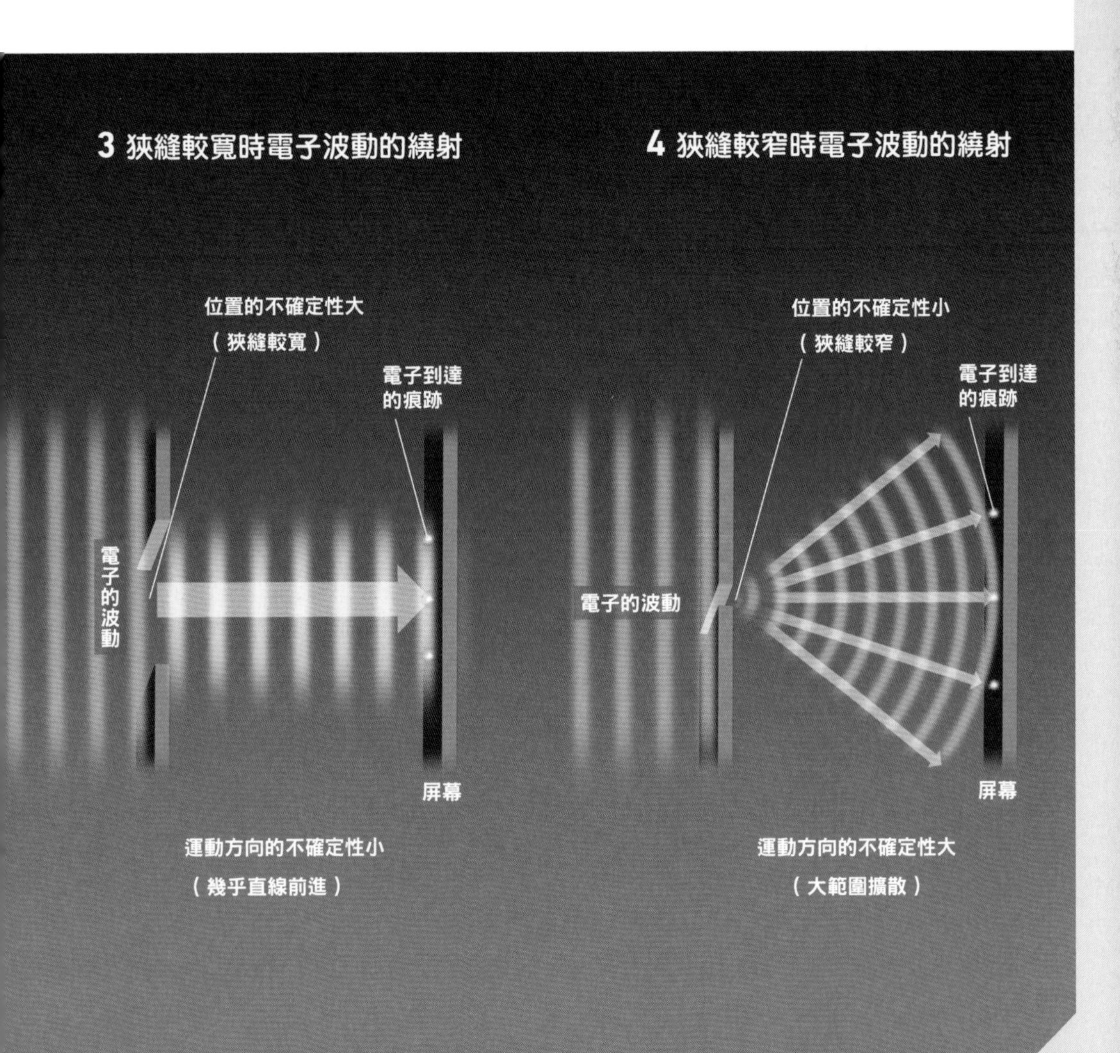

認識量子論最重要的「狀態共存」概念

電子的位置與運動方向無法同時確定

若能確定電子的位置，就無法確定運動方向

1 如果確定了電子的運動方向，位置就會變得不確定

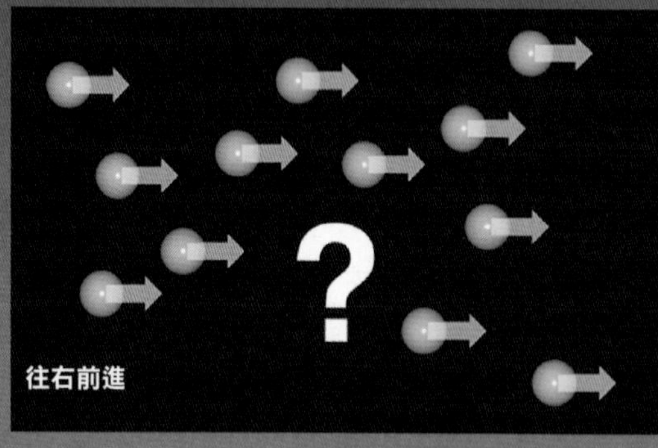

不知道電子存在於哪裡
（電子同時位在許多地方）

2 如果確定了電子的位置，運動方向就會變得不確定

不知道電子的運動方向
（電子同時往各個方向運動）

前頁提到，如果確定了電子的運動方向，位置的不確定性就會變大（1）；如果確定了電子的位置，運動方向的不確定性就會變大（2）※。

換句話說，不可能同時確定兩者。這稱為「位置與動量的不確定性原理」。

不確定性原理（uncertainty principle）又稱為測不準原理，是德國的物理學家海森堡（Werner Heisenberg，1901～1976）在1927年提出的。不確定並不是指「實際上已經確定，只是人類無法知道」，而是可以理解為「有許多種狀態共存，不確定會實際觀測到哪一種狀態」的意思。

※：這裡只考慮運動方向，但根據量子論的正確計算，與位置成對構成不確定性原理的是「動量」。動量是指「質量×速度（包括運動方向）」，因此如果位置確定了，速度也會變得不確定。

不確定性原理的公式

上方為不確定性原理的公式。Δx 是位置的不確定性，Δp 是動量的不確定性，h為常數（$h = 6.6 \times 10^{-34}$ J・s [焦耳・秒]。

認識量子論最重要的「狀態共存」概念

量子論建構了 對於真空的新認知

以極短的時間來看，能量是不確定的

不確定性原理存在於自然界各式各樣的物理量之間。如果以微觀的觀點來看，自然界是不確定且曖昧不明的。

「能量與時間」之間也存在不確定性原理。如果放大理應什麼都不存在的空間（真空）中的某個區域，觀察微觀的世界，以極短的時間來看時，每一處的能量是不確定且不穩定的。某個區域可能有非常高的能量，並使用該能量生成電子之類的基本粒子※1。

但在真空中生成的基本粒子會立刻消失，回到原本什麼也沒有的狀態。能量的不確定性附帶著「極短的時間」這項條件，若將時間拉長，不確定性就會消失。**「能量在真空中的不穩定使得基本粒子會四處生成又消失」這項事實正是因量子論而發現的**。

真空

放大其中一部分真空

真空的某個瞬間

※1：基本粒子是指無法再分割的粒子。電子、正電子、光子都是基本粒子，除此之外還有各式各樣的基本粒子。

1 在微觀世界中，真空的能量分布是不穩定的

表面的高低表示了能量的高低。若在極短的時間來看，這種能量分布會不斷出現高低起伏的變化。

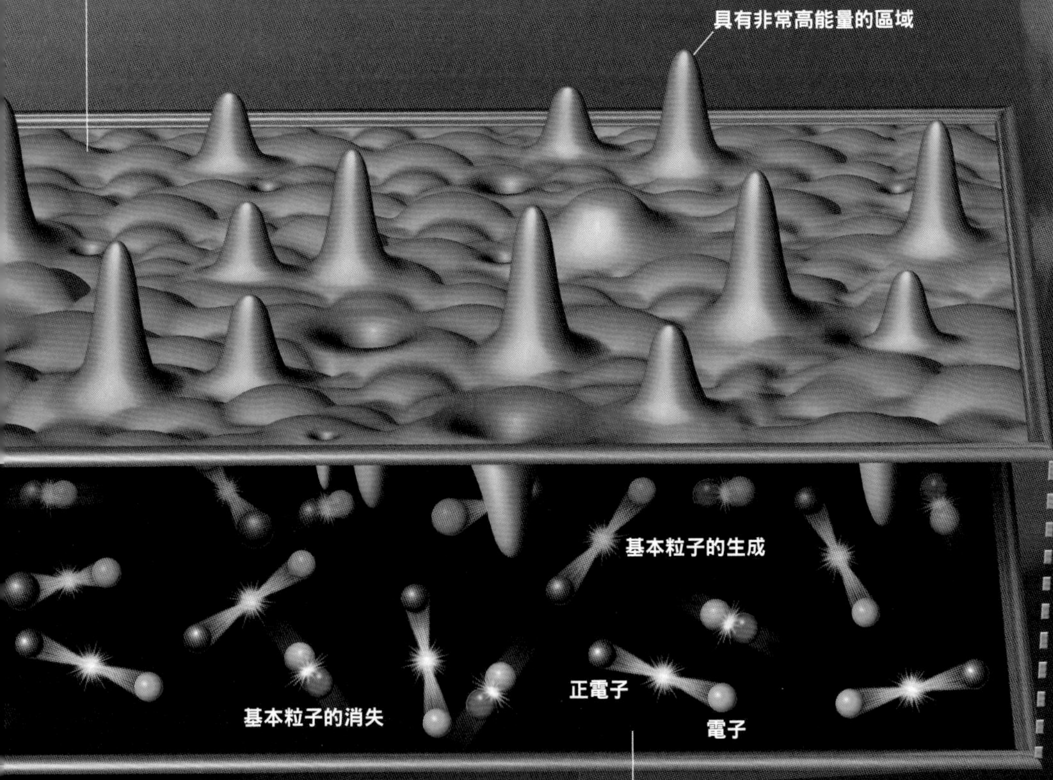

2 在微觀的世界，基本粒子會在真空中生成又消失

1與2表示的是真空中的同一個區域。在真空中生成電子時，一定會成對生出與電子一模一樣，但是帶有正電的「正電子」(positron) 這種基本粒子。電子消失時，正電子也必定會一起消失※2。

※2：真空中生成帶負電的電子時，原本該處並沒有帶電，所以需要正電子的正電加以抵消。相同的道理，電子消滅時，正電子也必定會一起消滅。

Column

Coffee Break

未來已經決定好了？

根據「牛頓力學」，如果能精確地知道丟出一顆球的瞬間速度、方向、高度，就可以計算出球落地的位置。換句話說，也可以視為「球的落地位置在丟出去的瞬間就已經決定了」。

法國科學家拉普拉斯（Pierre-Simon Laplace，1749～1827）※則進一步發展了這項理論，認為「如果有一種生物精確知道宇宙所有物質現在的狀態，那應該能預言宇宙的未來。也就是說，未來是已經決定好的」。這種幻想生物被稱為「拉普拉斯惡魔」。

然而，**就量子論而言，即使拉普拉斯惡魔能夠知道宇宙所有物質的資訊，預言未來在原理上依舊是不可能的**。

例如，第76～77頁介紹過，電子的位置與運動方向無法同時確定。未來在微觀世界中似乎並不是已經決定好的。

※：拉普拉斯有時被稱為「法國牛頓」，擁有超凡的自然數學能力，是最早提出類似於黑洞想法的科學家之一。

能夠預測宇宙未來的「拉普拉斯惡魔」

代表宇宙的球被拉普拉斯惡魔掌握在手中，時鐘則象徵拉普拉斯惡魔能看穿過去、現在、未來。

認識量子論最重要的「狀態共存」概念

跟鬼魂一樣？電子竟然能穿過牆壁！

如果時間極短，電子能夠擁有巨大的能量

1 電磁波能穿過牆壁及玻璃

※：電波能傳送到室內的其中一個原因，是因為電波容易發生繞射（波繞至障礙物背面繼續前進）。就算只有些許縫隙（包括物質原子間的空隙），電波也會由此進入，在室內擴散開來。

電磁波（第30～31頁）具有穿透障礙物的性質。例如，可見光撞到玻璃時，會有一部分穿透過去（**1**）。另外，手機等器材的電波之所以能傳到室內，其中一個原因就是電波能夠穿透牆壁等物體。

由於電子也具有波動的性質，因此會發生相同的情況。**電子也能夠「穿牆」，這種現象叫作「穿隧效應」**。※

電子的穿隧效應也可以用能量與時間的不確定性原理來理解。

如果是極短的時間，電子會像下圖中**3**所敘述的，獲得足以翻過山頭的能量，到達山的另一側。從外部看就像是電子在不知不覺間「穿過」了山，來到另一側。

※：物質處在量子尺度的世界時，只要位能障礙的能量不是無限大，或是障礙的寬度不是無限寬，物質就有機率穿透障礙到另一端，因為物質在空間中的分布機率具有波動性，碰到較高的位能勢壘（potential barrier）時，有少部分的波可穿透過勢壘。而在巨觀的世界裡，量子穿隧的發生機率非常低，因為物質中「所有的粒子」很難「全部穿透過」位能障礙，所以很難觀察到穿隧效應現象。

2 我們的身體也能穿過牆壁嗎??

人類穿透牆壁的機率並非完全是0。但就算從宇宙誕生開始，花費138億年的時間一直挑戰到現在，具有巨大質量的人類也不可能有辦法穿透牆壁。

3 電子「穿過」原本應該爬不過去的山

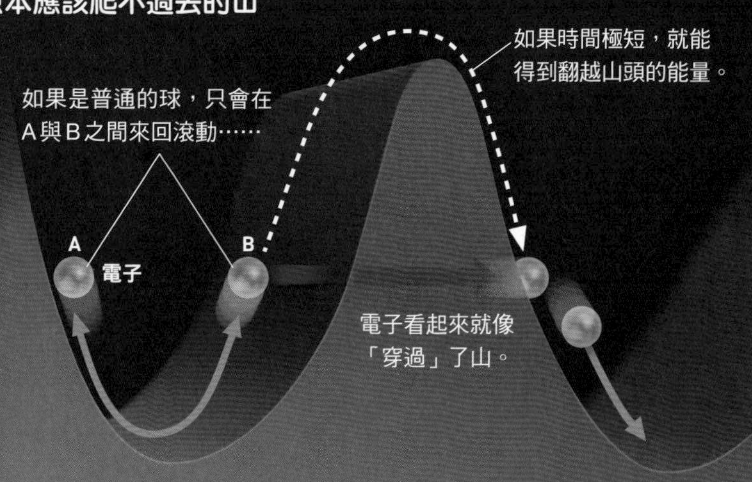
如果時間極短，就能得到翻越山頭的能量。
如果是普通的球，只會在A與B之間來回滾動……
A
B
電子
電子看起來就像「穿過」了山。

認識量子論最重要的「狀態共存」概念

因穿隧效應導致的原子核衰變

就像一個人突然穿過了車廂裡滿滿的乘客

蘇聯物理學家伽莫夫（George Gamow，1904～1968）等人在1928年成功藉由穿隧效應說明了原子核為什麼會發生「α衰變」。α衰變是指鈾等放射性原子的原子核射出「α粒子」（放射線的一種）

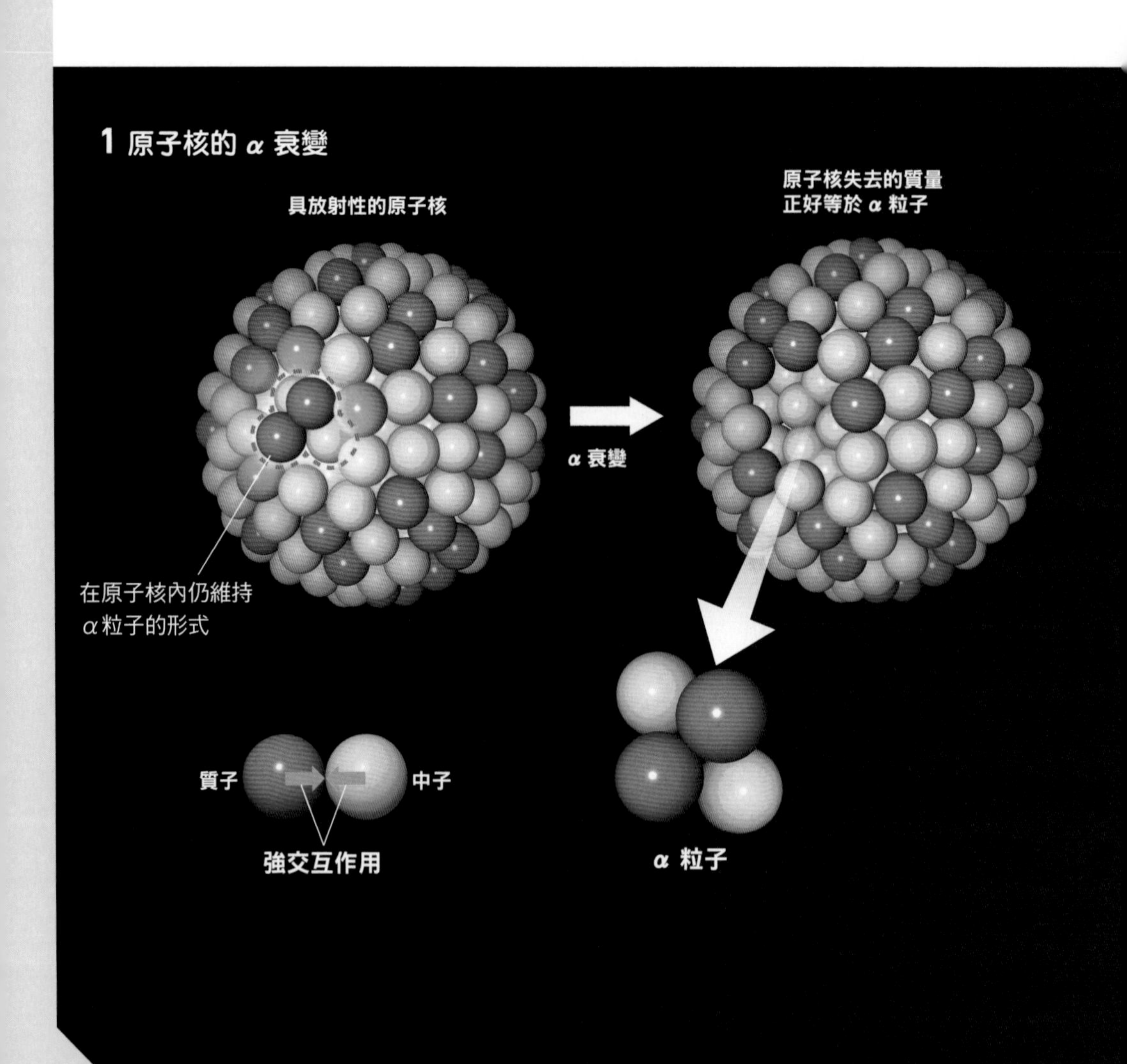

的現象（**1**）。※

原子核內的α粒子是透過「強交互作用」（strong interaction又稱為強核力）固定於原子核的，通常不可能從原子核飛出去。α粒子就像是位在窪地，四周圍繞著強交互作用製造出的「能量山峰」（energy barrier又譯為能量障壁）（**2**）。

但是，**α粒子還是可能會「穿過」能量障壁，飛到原子核外。因為α粒子會引發穿隧效應**。如果用實際的例子來比喻，α衰變就像是一個在擠滿了乘客的車廂裡動彈不得的人，突然間穿過了人群一樣（**3**）。

※：核子數（質子數＋中子數）210以上的原子核（例如鈾238）是如此之大，以至於將其結合在一起的強核力只能勉強抵消其所含質子之間的電磁排斥力。α衰變發生在鈾238的原子核中，衰變形成釷234，作為透過減小尺寸來增加穩定性的一種手段。

2 α粒子「穿過」了能量障壁

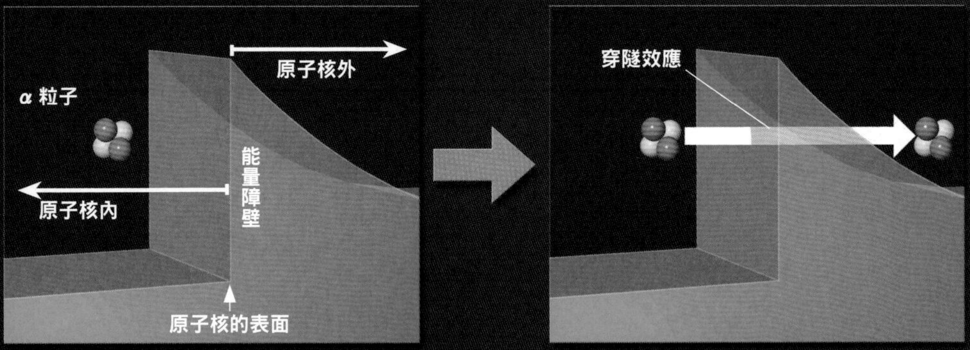

α粒子
原子核外
原子核內
能量障壁
原子核的表面
穿隧效應

3 α衰變就像是突然穿過了人群

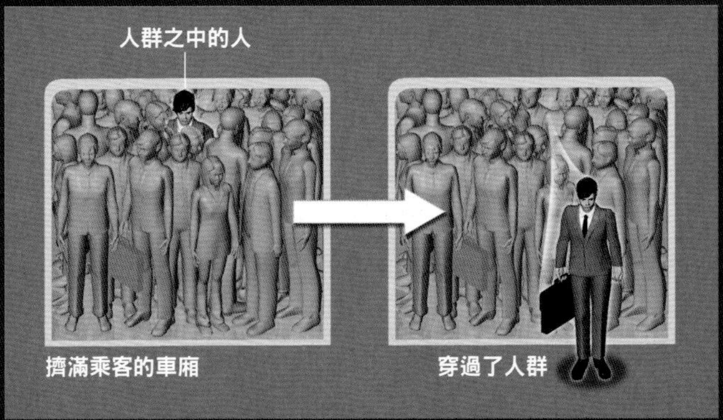

人群之中的人
擠滿乘客的車廂
穿過了人群

認識量子論最重要的「狀態共存」概念

太陽會發光 都要歸功於穿隧效應！

質子因穿隧效應而彼此撞擊

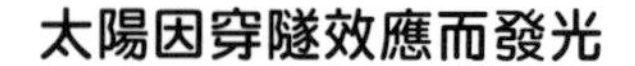

太陽因穿隧效應而發光

在巨觀世界（1），就算想讓帶正電的球彼此撞擊，如果給予球的速度不夠，會因為電的斥力而撞擊不到。
而在微觀世界（2），就算沒有足夠的速度，帶正電的粒子也有可能彼此撞擊。這是因為穿隧效應使得粒子「穿過」了能量障壁。

1 巨觀世界

帶正電的球

2 微觀世界

質子（帶正電）

太陽中心的放大圖

太陽

本單元要用一個日常生活中的例子來介紹穿隧效應，那就是太陽。

氫原子核的質子會在太陽內部彼此撞擊融合，進行「核融合反應」（nuclear fusion reaction）。太陽之所以發光就是因為核融合反應產生了巨大能量。

但質子帶正電，要讓質子突破正電的斥力互相撞擊，照理來說必須以極高速接近才行。以單純的計算來看，會是相當於數百億℃的高溫。但實際上太陽的中心溫度約為1600萬℃，這並不足以引起核融合反應，使太陽發光。

其實太陽會發光，是由於靠近到某個程度的質子會因為穿隧效應而彼此撞擊，引發核融合反應。人類因為有太陽才得以生存，而這或許也可以說該歸功於穿隧效應。※

※：氫原子核的同位素氘核是核融合的最佳燃料，氘核的中子與質子比（2個中子，1個質子）是穩定原子核中最高的，它們的勢壘也就較小，發生穿隧效應的機率較大。

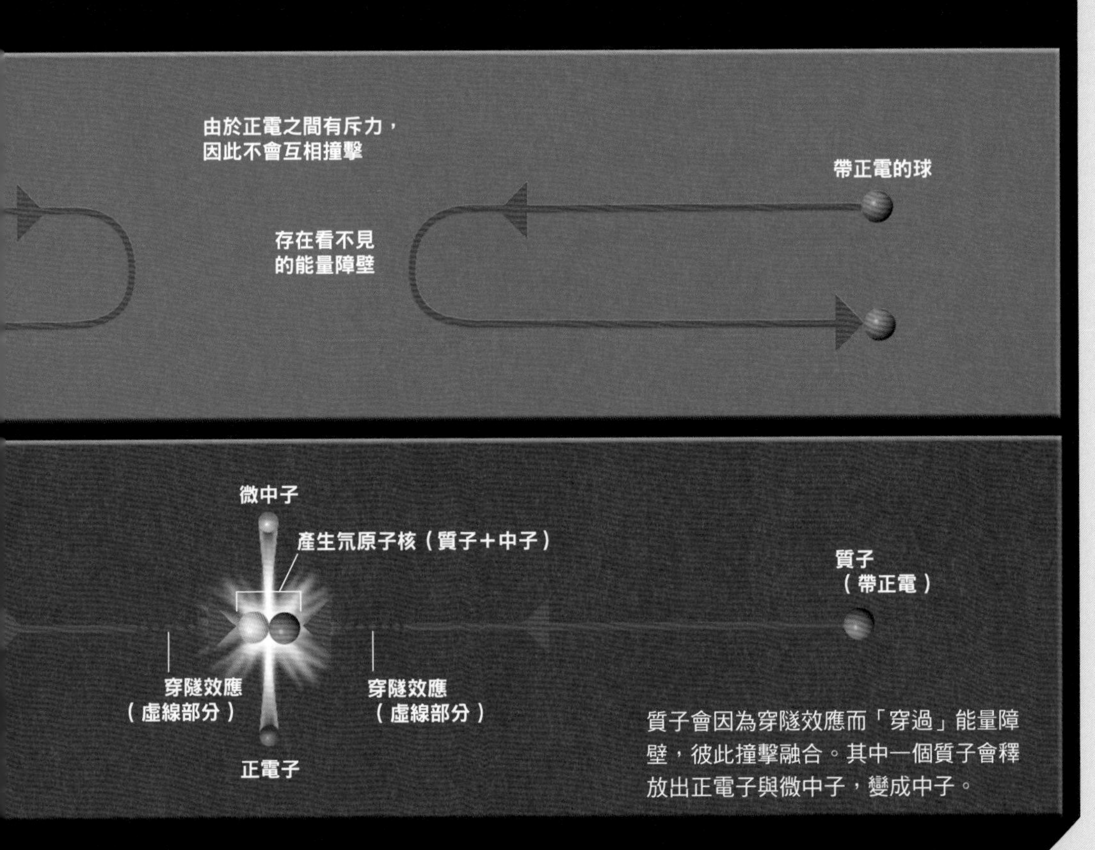

質子會因為穿隧效應而「穿過」能量障壁，彼此撞擊融合。其中一個質子會釋放出正電子與微中子，變成中子。

認識量子論最重要的「狀態共存」概念

空間之中交疊著許多的「場」

與空間合而為一的「場」創造出物質

現代物理學認為，自然界最根本的存在是磁場、電場之類的「場」。磁場指的是產生磁力的空間，電場則是產生電力的空間。

例如，電子被認為是「電子場」中產生的波動。如果不存在電子的話，電子場就會是「平」的。插圖為求方便，將電子場畫成平面的，但其實電子場填滿了整個3度空間。

除了電子場外，有多少種基本粒子，空間中就有多少場。大部分的場就像交疊在一起般共存於同一個空間內。

換句話說，創造出我們的身體及各種物體的並非「微小的顆粒」，而是與空間合為一體的「場」。像這樣，**以場的存在為前提的量子論稱為「量子場論」(quantum field theory)。量子場論是現代粒子物理學的基礎**。※

※：量子場論結合了量子力學、狹義相對論和古典場論，具有環環相扣的緊密邏輯結構，是研究高能物理的基本方法。

不同的場會互相影響

每一種場彼此間會互相影響，並不是完全獨立的，下圖中用連接場與場的假想彈簧來表現這種關係。另外，圖中的彈簧製造出了間隔，但其實場的所有點都是不緊密地相連的。透過這種連接，基本粒子A的場的變化（波動）可能會傳遞到另一種基本粒子B的場。如此一來會發生基本粒子A的波動消失，基本粒子B的波動出現的狀況。

場在真空中是「平」的

不存在物質的「真空」不會產生波動，場呈現「平坦」狀。但即使在真空中也不是「完全平坦」，會有「壽命」極短的波動出現又消失。※

※：若從外太空遠觀地球，會以為海面平靜無波，但用超高倍數望遠鏡觀看海面（微觀），就會發現波濤洶湧，起伏不定。根據量子場論，真空中仍然蘊含著一定的能量，促使虛擬粒子對（一正一反）不時憑空而生，剎那間又雙雙消逝，釋出能量還給真空。

Column

Coffee Break

無中生有

無會生出有，或是有會變成無……這是自古以來就存在的問題，連古希臘的哲學家也曾經討論過。

打破蛋殼會流出蛋裡面的蛋黃與蛋白，打破玻璃杯產生的碎片則是原本形塑出杯子的玻璃。換句話說，**如果打破、打壞日常生活中所見的各種物品，剩下的一定是原本被包含在物品中的東西，或是形塑出原本物品的東西**。

化學反應也是相同的道理。將氫氣（H_2）與氧氣（O_2）混合在一起燃燒會產生水（H_2O）。乍看之下會讓人覺得產生出來的是不一樣的東西，但在原子層級發生的只是「原子的重組」。氫原子（H）與氧原子（O）產生了連結，而一個氧原子與兩個氫原子結合會產生水分子。

也就是說，巨觀的物體或原子層級的反應並不會有原本不存在的東西突然出現，或是原本存在的東西突然消失的情形。

但是，**這樣的認知在原子核層級、基本粒子層級的反應並不成立。無中生有或從有到無是稀鬆平常的事**。

例如，放射性物質的「β衰變」會發出對人體有害的放射線「β射線」※。β射線其實是高速的電子流動。β衰變是原子核內名為「中子」的粒子變化為「質子」、「電子」、「微中子」等三種粒子的現象。由於中子之中原本並不含有這三種粒子，因此等於是中子消失（有→無），並且新產生出原本不存在的三種粒子（無→有）。

※：β衰變時從原子核放射出的β粒子是一種游離輻射，比γ射線更容易游離，比α射線更不易游離。游離性越強，對生物組織的危害越大。

從有到無、無中生有的現象

在原子核層級、基本粒子層級，會有原本存在的粒子消失，出現完全不同之粒子的情況。右方是以此為例的β衰變示意圖。如果用巨觀物體來舉例說明這種現象，就像是蛋掉到地上打破後，蛋殼及裡面的蛋黃、蛋白消失了，結果出現飯糰、糖果、草莓之類的東西。

β衰變

原子核是質子與中子所構成，中子是由1個名為「上夸克」的基本粒子與2個名為「下夸克」的基本粒子構成的粒子，質子則是2個上夸克與1個下夸克構成的粒子。以基本粒子層級來看，可以說β衰變是1個下夸克消失（有→無），上夸克、電子、微中子（反電微中子）各出現（無→有）1個的現象。

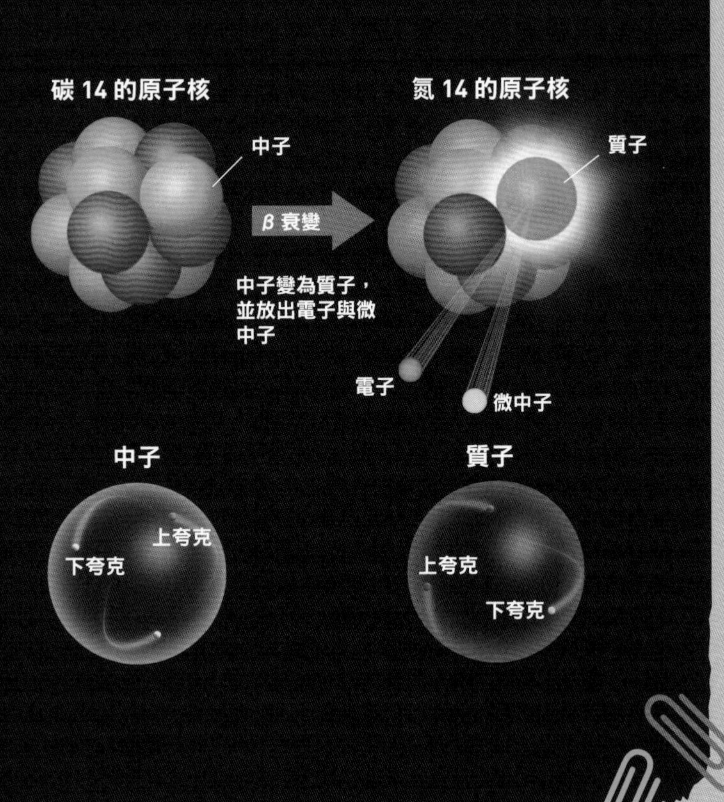

4

用量子論探討 自然界的謎團

量子論闡述了許多從我們的日常生活經驗難以想像的奇妙現象，但同時也是解釋我們身邊各種物質的性質、生物的機能，甚至是宇宙的起源等一切事物不可或缺的理論。

量子論扮演了物理學與化學的橋樑

如果沒有量子論就不會有資訊科技社會

週期表※

元素符號上方的數字是「原子序」。一般而言，原子序越大，代表該元素的原子越重。原子序與該元素所帶的電子數目（或質子數目）相同。

※：1869年，俄羅斯的科學家門得列夫（Dmitri Mendeleev，1834～1907）發現化學元素的週期性，依照原子量，製作出世界上第一張元素週期表，並據以預見了一些尚未發現的元素。

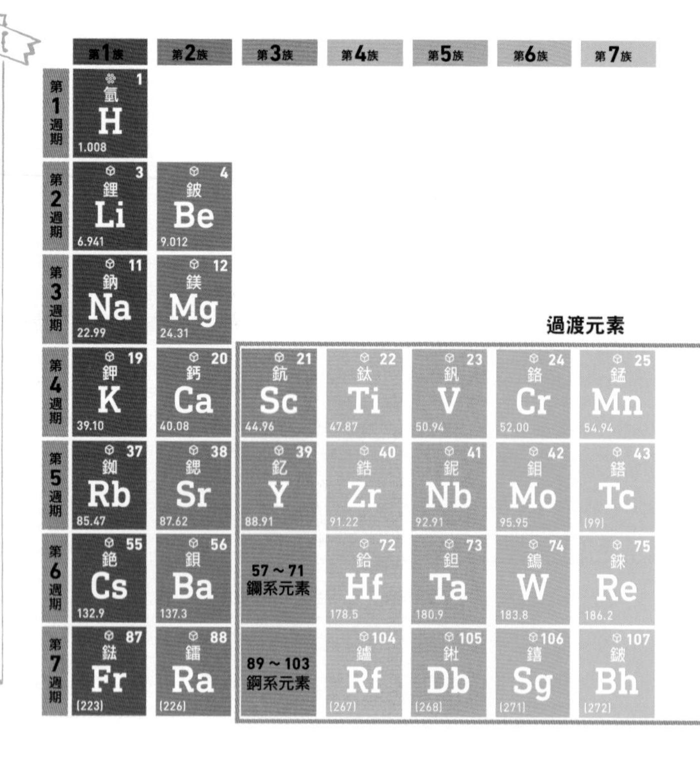

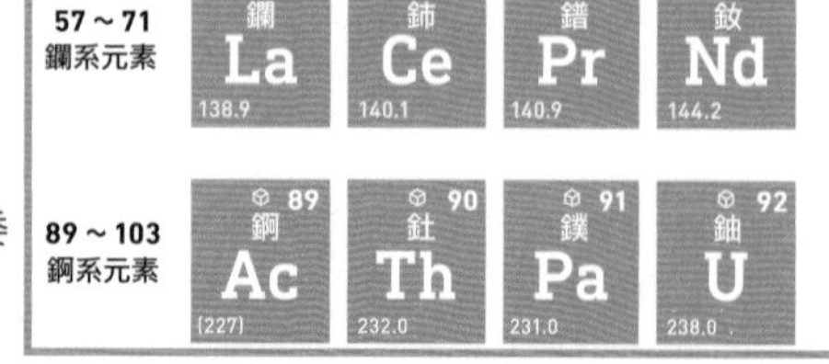

資料出處
原子量：日本化學會原子量專門委員會2020年發表之4位數原子量，《理科年表2020年度版》（丸善）

量子論的一大成就，是扮演了物理學與化學的橋樑。

例如，**元素為何會有週期性，便是透過量子論得到了解答**（見下一頁）。若將元素由輕至重排列，具有相似性質的元素會週期性出現（元素週期表，見下圖）。根據量子論所建構之原子的電子軌域理論可以解釋元素為何會有週期性。

化學反應的發生原因同樣也可以用量子論進行理論性的說明。化學反應指的是原子彼此間的結合或分離，量子論能夠預測原子的這些行為特性。

另外，**量子論也釐清了「金屬（導體）」、「絕緣體」（insulator）、「半導體」（semiconductor）等固體的性質**。如果不是因為量子論讓我們能夠正確理解半導體，恐怕也不會有現今的資訊科技社會了。※

※：半導體元件透過結構和材料上的設計達到控制電流傳輸的目的，並以此為基礎構建各種處理不同訊號的電路，而被廣泛應用於電腦、行動電話等資訊科技產品中。

註：原子序104以後的元素其化學性質目前仍未完全研究透徹。

第8族	第9族	第10族	第11族	第12族	第13族	第14族	第15族	第16族	第17族	第18族
										2 氦 He 4.003
					5 硼 B 10.81	6 碳 C 12.01	7 氮 N 14.01	8 氧 O 16.00	9 氟 F 19.00	10 氖 Ne 20.18
					13 鋁 Al 26.98	14 矽 Si 28.09	15 磷 P 30.97	16 硫 S 32.07	17 氯 Cl 35.45	18 氬 Ar 39.95
26 鐵 Fe 55.85	27 鈷 Co 58.93	28 鎳 Ni 58.69	29 銅 Cu 63.55	30 鋅 Zn 65.38	31 鎵 Ga 69.72	32 鍺 Ge 72.63	33 砷 As 74.92	34 硒 Se 78.97	35 溴 Br 79.90	36 氪 Kr 83.80
44 釕 Ru 101.1	45 銠 Rh 102.9	46 鈀 Pd 106.4	47 銀 Ag 107.9	48 鎘 Cd 112.4	49 銦 In 114.8	50 錫 Sn 118.7	51 銻 Sb 121.8	52 碲 Te 127.6	53 碘 I 126.9	54 氙 Xe 131.3
76 鋨 Os 190.2	77 銥 Ir 192.2	78 鉑 Pt 195.1	79 金 Au 197.0	80 汞 Hg 200.6	81 鉈 Tl 204.4	82 鉛 Pb 207.2	83 鉍 Bi 209.0	84 釙 Po (210)	85 砈 At (210)	86 氡 Rn (222)
108 𨭆 Hs (277)	109 䥑 Mt (276)	110 鐽 Ds (281)	111 錀 Rg (280)	112 鎶 Cn (285)	113 鉨 Nh (278)	114 鈇 Fl (289)	115 鏌 Mc (289)	116 鉝 Lv (293)	117 鿬 Ts (293)	118 鿫 Og (294)

61 鉕 Pm (145)	62 釤 Sm 150.4	63 銪 Eu 152.0	64 釓 Gd 157.3	65 鋱 Tb 158.9	66 鏑 Dy 162.5	67 鈥 Ho 164.9	68 鉺 Er 167.3	69 銩 Tm 168.9	70 鐿 Yb 173.0	71 鎦 Lu 175.0
93 錼 Np (237)	94 鈽 Pu (239)	95 鋂 Am (243)	96 鋦 Cm (247)	97 鉳 Bk (247)	98 鉲 Cf (252)	99 鑀 Es (252)	100 鐨 Fm (257)	101 鍆 Md (258)	102 鍩 No (259)	103 鐒 Lr (262)

量子論清楚解釋了週期表的意義

縱列的元素最外層電子數相等

下圖是由量子論闡明之氫原子的電子軌域※。只要沒有進行觀測，就無法說電子「在這裡」。有如施展了分身術散布於軌域裡的電子在圖中看起來就像是一團藍色的雲。

氫原子的電子通常位於能量最低的「1s軌域」。但是當電子吸收了來自外

量子論闡明了氫原子的電子軌域

下圖為氫原子的電子軌域之中，能量較小的1s、2s、2p三種電子軌域之示意圖。實際上還有許多能量更高的軌域。

2s 軌域（球狀）

1s 軌域（球狀）

原子核

常見的簡化電子軌域圖

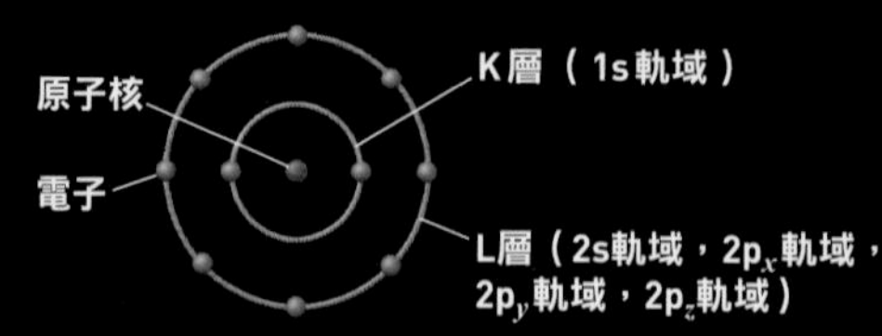

部的光，會從光得到能量，跳到能量較高的「2s軌域」或「2p軌域」等。

電子的軌域就像有「固定座位數」，一個軌域只能有一定數量的電子。不同元素的電子數量不一樣，電子的配置也不同。每種元素的化學性質不同，正是因為這種電子的配置差異所致。

位於最外側、能量較高的軌域（最外層）的電子數量，對於元素的化學性質影響尤其明顯。**最外層的電子數量相同的元素，基本上在週期表會排在同一縱列**。

※：軌域（orbital）又稱軌態，是以數學函數描述原子中電子的似波行為。此波函數可以用來計算在原子核外的特定空間中找到電子的機率，並指出電子在三維空間中的可能位置。電子軌域可分7層（K～Q）主電子層，再細分成7層（s,p,d,f,g,h,i）亞電子層，加上主量子數n（1～7）來標示。

2p 軌域（啞鈴形）

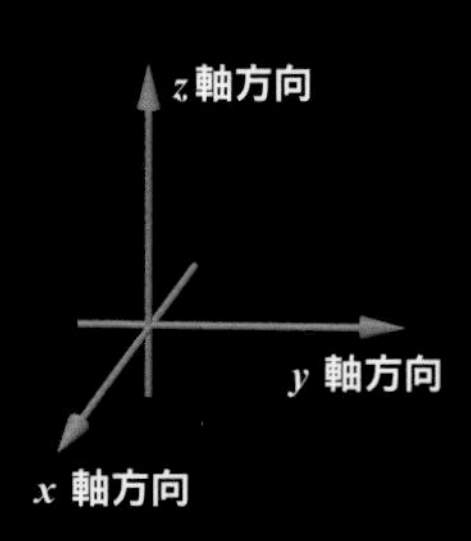

2p軌域的形狀類似啞鈴。這個「啞鈴」的方向有三種（x軸、y軸、z軸），分別稱為$2p_x$軌域、$2p_y$軌域、$2p_z$軌域。左圖為$2p_y$軌域。

註：為方便理解，圖中將電子軌域形狀特徵的輪廓畫得較為誇張（下一頁起亦同）。實際的電子軌域是更不明顯的漸層狀分布，輪廓也更模糊。

量子論也解釋了原子結合的機制

當原子靠近時，會製造出分子的軌域

透過畫成雲狀的電子了解結合的機制

當兩個氫原子靠近，1s軌域會發生變化，製造出氫分子軌域（結合性分子軌域※）。當兩個電子進入這個軌域，會變成穩定的氫分子。

※：結合性分子軌域又稱為混成軌域（hybridized orbitals），若是碳、氮和氧等重原子的結合，主要是利用2s及2p軌域。

1 當兩個氫原子靠近……

氫、氧、氮等元素通常會以兩個原子結合成「分子」。但就電荷的角度而言，原子是屬於中性的，為何能夠強力結合變成分子？以下用形式最為單純的氫原子為例進行說明。

根據量子論進行計算的話可以知道，靠近的兩個氫原子的1s軌域會結合製造出新的氫分子軌域（**1**、**2**）。

原本分別屬於兩個氫原子的兩個電子都會進入能量較低的氫分子軌域。**兩個原子核間的電子雲會在這個軌域變濃，電子雲（負電荷）濃的區域與原子核（正電荷）間則有電荷的引力作用（3）**。最終，電子扮演了媒人的角色使得原子核彼此結合。

兩個氫原子就是像這樣結合變成氫分子的。

2 製造出分子軌域，變成氫分子

當兩個電子進入分子軌域，
會變成穩定的氫分子。

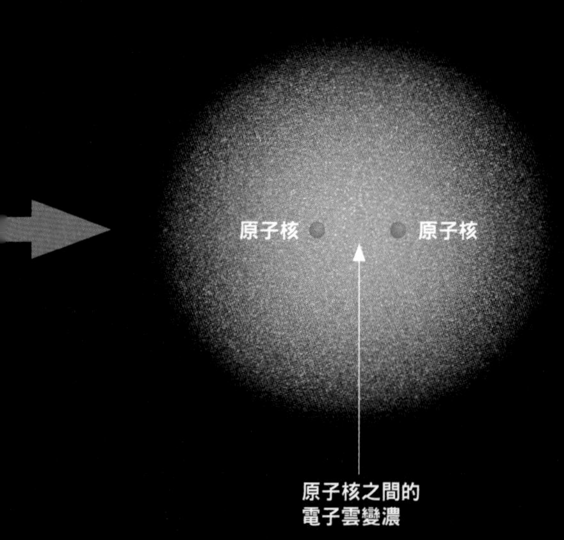

3 氫分子軌域的原子核附近

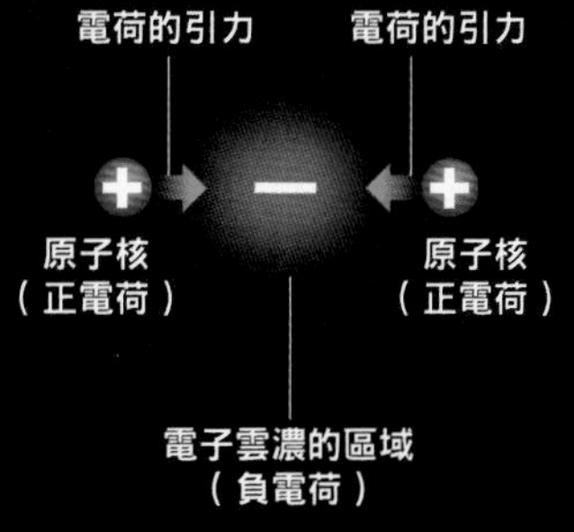

由於電子雲（負電荷）在氫分子的原子核（正電荷）之間變濃，原子核會被拉到這個區域。正是這股力使得氫原子彼此結合，製造出氫分子。

量子論也說明了固體的性質

固體中的電子所攜帶的能量會形成「帶」

電流（電子的流動）會流過銅、鐵、銀等「金屬（導體）」，但陶瓷之類的「絕緣體」則必須施加非常高的電壓，電流才能流過。而矽（Si）等「半導體」則是僅會通過些許的電。

量子論也能說明為何各種物質會像這樣呈現不同的導電特性。將巨觀物質視為眾多的原子集團，探究其中的電子有何行為特性的學門稱為「凝聚體物理學」（condensed matter physics）。

只有單獨一個原子的話（**a**），原子內的電子會有許多可能的軌域，若將縱軸定義為能量，每個軌域的能量值（能階）會形成不連續的「線」。如果是兩個原子形成的分子（**b**），電子的能階會一分為二。**而集結了更多原子的固體中（c），電子所帶的能量則會交疊成為「能帶」（energy band）**。能帶與能帶之間的部分稱為「帶隙」（band gap），只有獲得足夠能量的電子才能跨過帶隙並躍遷至未裝滿電子的能帶。

每條能帶可以容納的電子數量是有限的，滿了之後電子基本上就無法移動。因此，只具有「擠滿電子的能帶」與只具有「全空的能帶」的物質便是絕緣體。由於金屬具有「未裝滿電子的能帶」，能帶內的電子可以移動，所以會導電。

半導體通常也只有擠滿電子的能帶與全空的能帶，但因為半導體的帶隙小，電子會「跳」進全空的能帶，所以電流可以流過。

以上這些關於凝聚體物理學的理論叫作「能帶理論」（energy band theory）。※

※：固體材料的能帶結構由多條能帶組成，類似原子中的電子能階。電子會先占據低能階的能帶，再逐步占據高能階的能帶。能帶分為少量電子填充的導帶（conduction band）和大量電子填充的價帶（valence band）。導體的導帶和價帶之間沒有帶隙，半導體的帶隙小於3電子伏特（eV，電子的帶電量），絕緣體的帶隙大於3電子伏特。

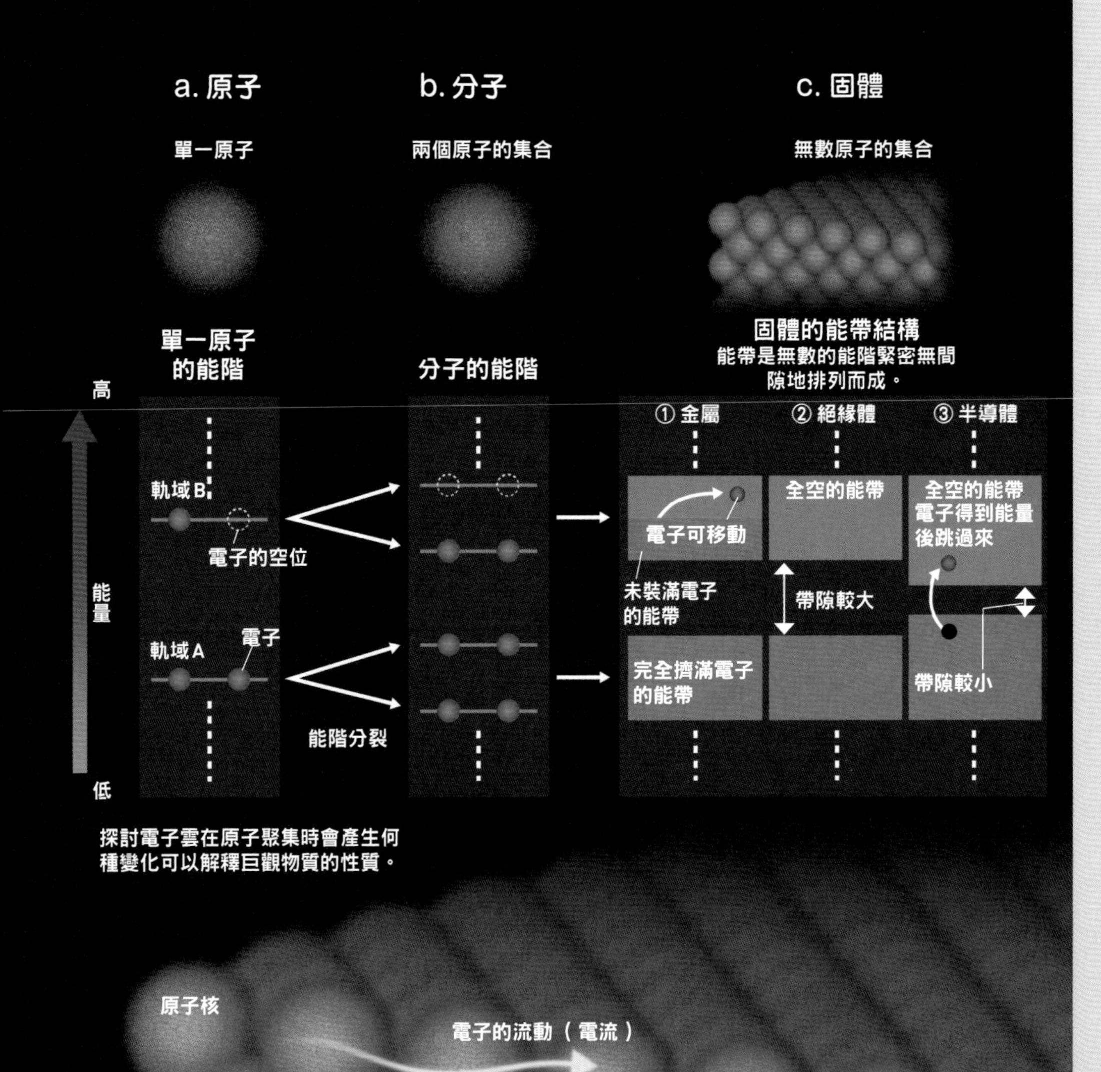

探討電子雲在原子聚集時會產生何種變化可以解釋巨觀物質的性質。

量子論也可以解釋力的機制

量子論可以完美說明自然界四種力之中的三種

量子論**將力解釋為「粒子之間的傳接球」**。不過這指的是像電子般具有「波粒二象性」量子論性質的粒子。

這可以用在兩條小船之間傳接球來說明（**1**）。丟出球的時候，船會因為反作用力而後退。接球的人所在的小船同樣會因為反作用力後退，兩條船之間產生了斥力。如果是像（**2**）互相投擲迴力鏢，兩條船之間則會出現引力而互相靠近。

自然界中存在著四種力（交互作用）。第一種是「電磁力」（**3**），第二種是「弱交互作用（弱核力）」（**4**），第三種是「強交互作用（強核力）」※1（**5**），第四種則是重力（**6**）。

除了重力以外的三種，量子論都能完美地說明。

※1：日本物理學家湯川秀樹（1907～1981）在1934年以「介子」（meson）的存在成功說明了強交互作用。

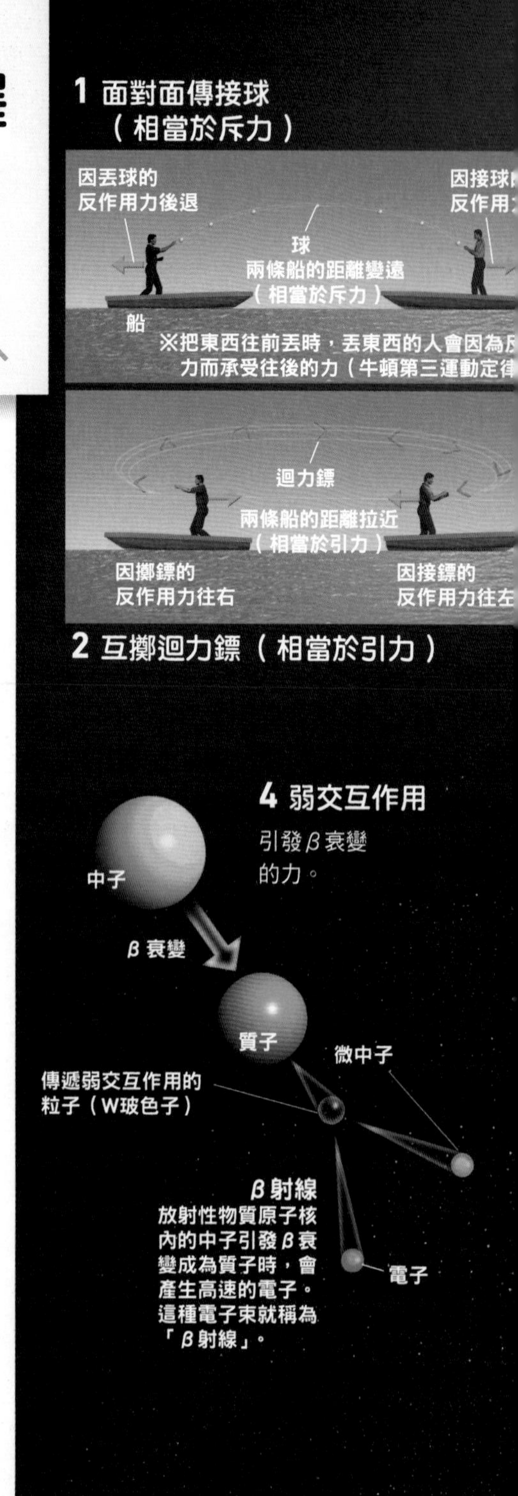

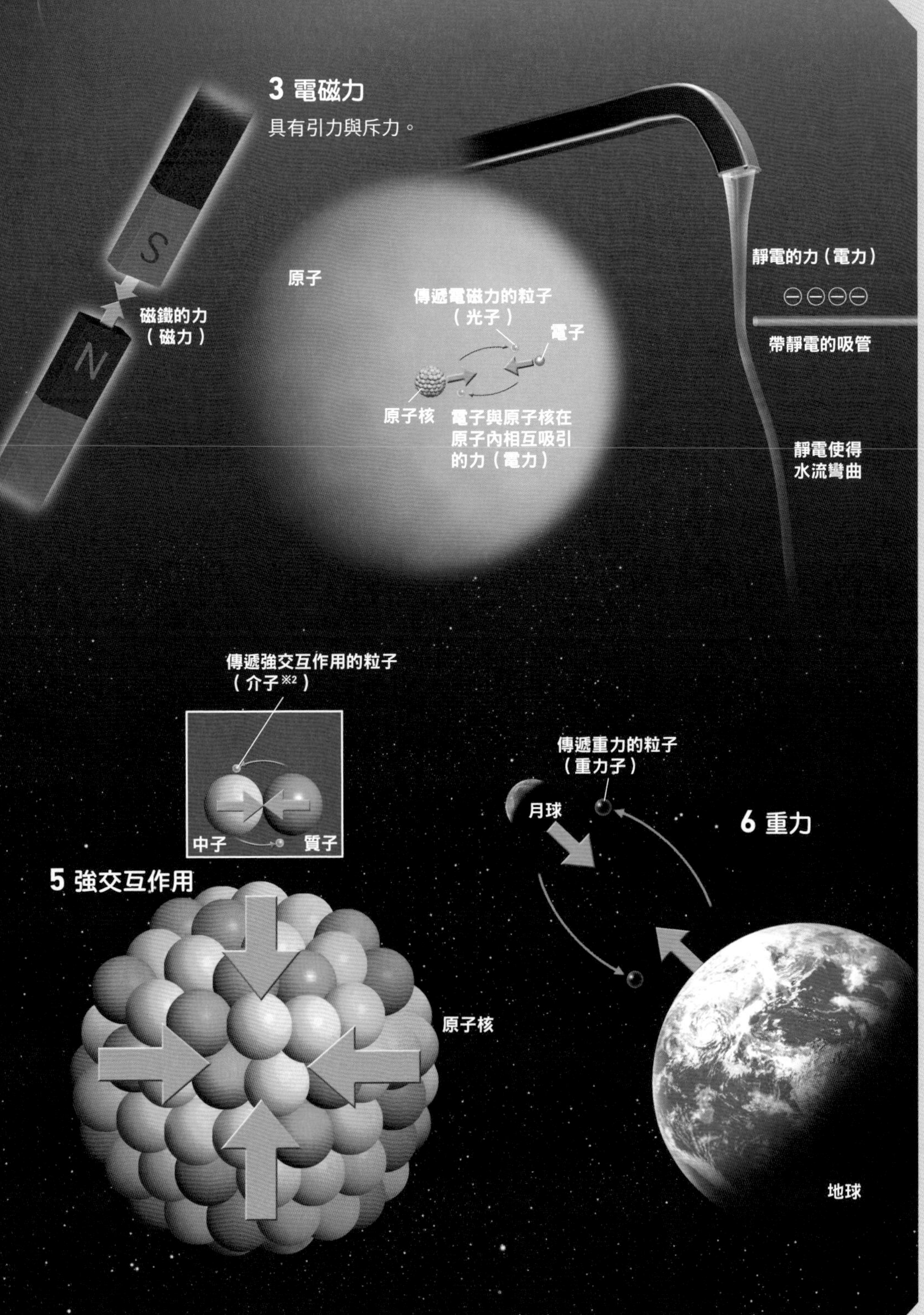

※2：介子屬於強子（hadron）類粒子，可維持住原子核中的質子不會因為電磁斥力的關係而分離。

用量子論探討自然界的謎團

下一階段的目標是發展「量子重力論」

希望最終能結合量子論與廣義相對論

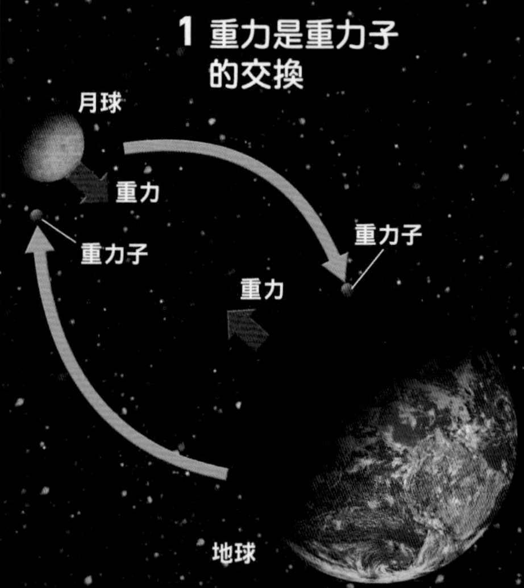

量子論的下一個目標是建構「量子重力論」(quantum gravity)。量子論將重力解釋為「重力子」(graviton)這種基本粒子的交換(1)。而重力子也是具有「波粒二象性」的量子論性質的粒子。

根據廣義相對論，重力是具有質量的物體製造出的空間彎曲所產生的※1。如果把空間想像成一塊橡膠墊，在墊子上放一顆沉重的保齡球會使其凹陷，附近的高爾夫球會因此滾過來(2)。地球因重力而將隕石之類的物體吸引過來也可以用類似的道理解釋(3)。

量子重力論的完成意謂著量子論與廣義相對論的結合，但全世界的物理學家經長年挑戰至今仍未成功。不考慮量子論的物理學稱為「古典物理學」，就這層意義而言，廣義相對論也算是古典物理學。

廣義相對論將空間的彎曲視為化作振動往周圍傳遞的「重力波」(gravitational wave)※2(4)。但若要結合量子論與廣義相對論，就必須將重力重新定義為「具備波動性質，同時也具備粒子性質的重力子」。這成了一道難題。

「超弦理論」(superstring theory)就是一種試圖融合量子論與廣義相對論而受到矚目的理論，可說是一門將電子等基本粒子視為「弦」的理論，自1980年代以來建立了許多理論性的成果，但尚未發展成熟。

※2：1916年，愛因斯坦根據廣義相對論預言了重力波的存在。重力波很不容易被傳播途中的物質所改變，因此重力波是優良的資訊載體，使人類能夠觀測從宇宙深處傳來的寶貴資訊。2015年9月14日人類首次直接觀察到源自於雙黑洞合併的重力波。

※1：更正確的說法應該是時間與空間合一的「時空」彎曲產生了重力。

保齡球
高爾夫球
橡膠墊
2 因橡膠墊彎曲而產生的「引力」
空間因為地球的
質量而彎曲
隕石
地球
畫成平面的空間
3 因空間彎曲而產生重力
若兩顆非常重的星球互相繞行，
空間會被「搖動」產生重力波
4 空間的彎曲化作振動往周圍
傳遞（重力波）
重力波
重力波

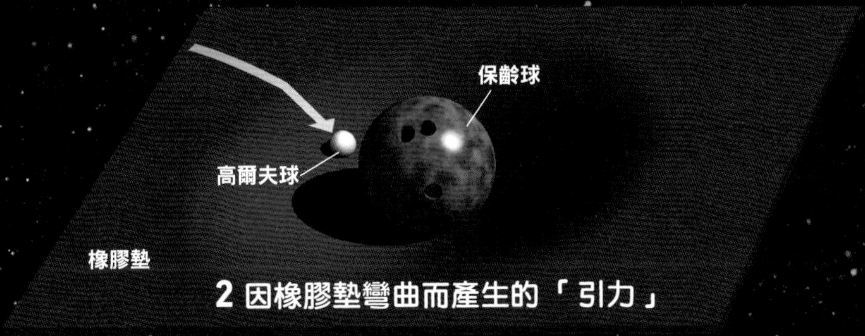

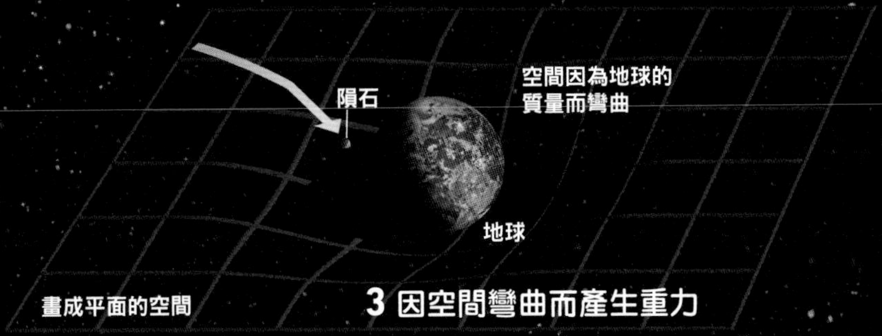

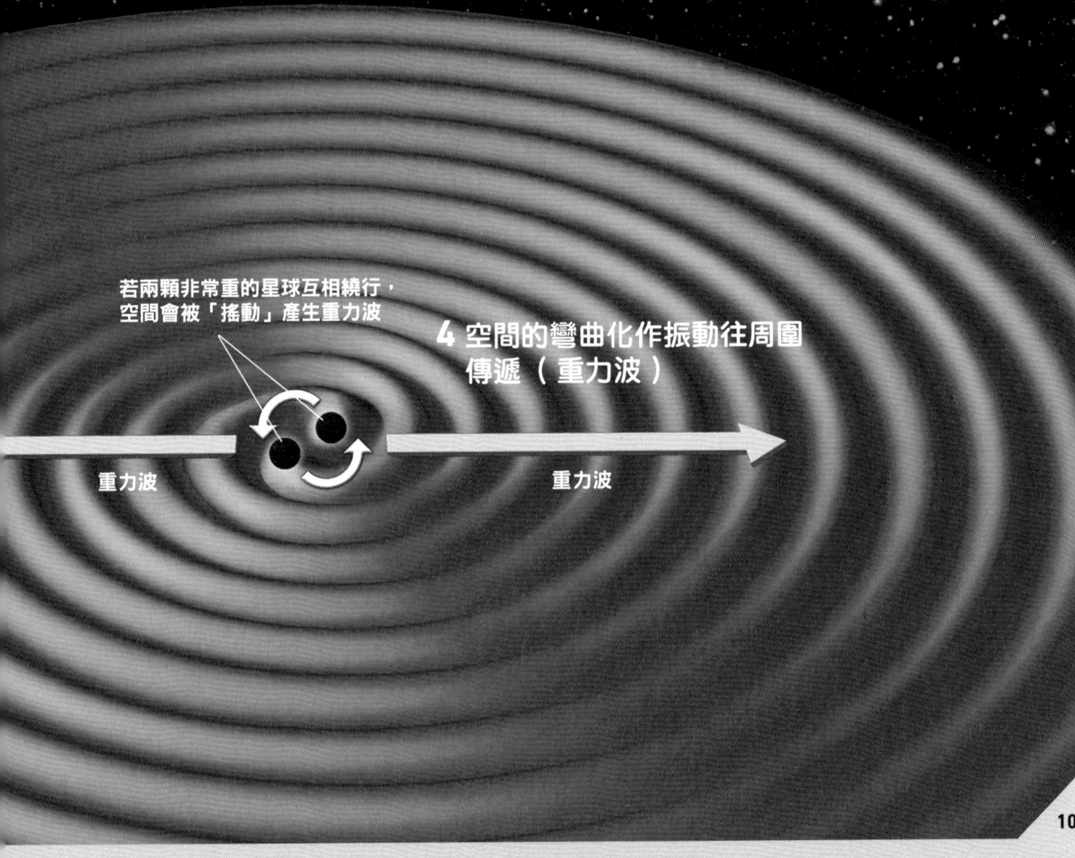

Column

Coffee Break

宇宙是「弦」構成的？

超弦理論是一種將基本粒子視為弦的理論。**過去的物理學認為基本粒子是大小為零的「點」，但超弦理論認為基本粒子是長度約10^{-35}公尺（不同理論模型所假設的尺寸也不一樣）的弦**。※

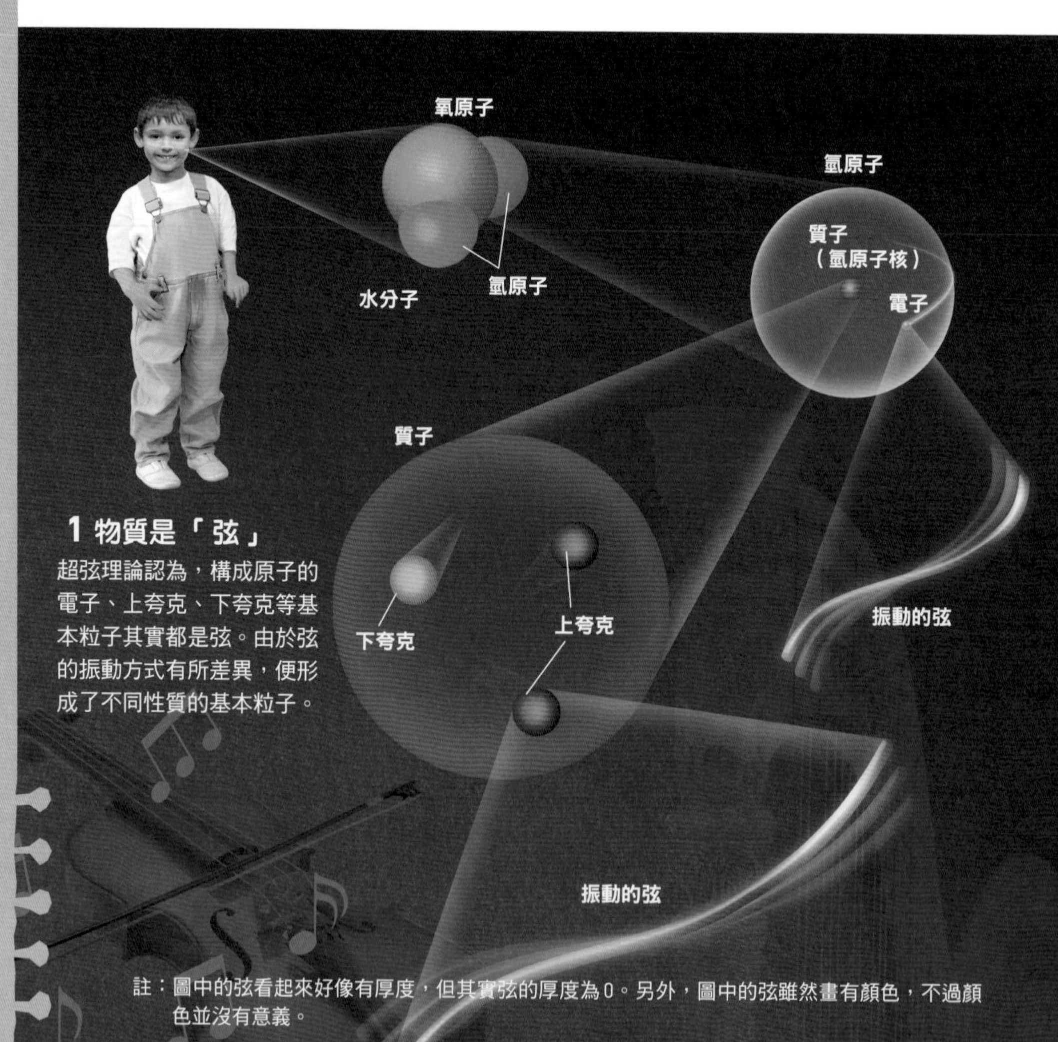

1 物質是「弦」

超弦理論認為，構成原子的電子、上夸克、下夸克等基本粒子其實都是弦。由於弦的振動方式有所差異，便形成了不同性質的基本粒子。

註：圖中的弦看起來好像有厚度，但其實弦的厚度為0。另外，圖中的弦雖然畫有顏色，不過顏色並沒有意義。

小提琴等弦樂器是藉由讓數條弦產生各式各樣的振動以演奏出變化多端的音色。超弦理論的思維與此類似。超弦理論認為，極小的弦有各種不同的振動，這些振動的差異即為基本粒子的差異（質量或電荷等差異）。但唯獨重力子比較特別，其他基本粒子是弦兩端開放的「開放弦」（open string），重力子則是弦兩端相連的「閉合弦」（closed string）。

※：原子的直徑約為10^{-10}公尺，原子核的直徑約為10^{-14}公尺。而弦的長度僅有10^{-35}～10^{-33}公尺，由此可以想見弦有多小。

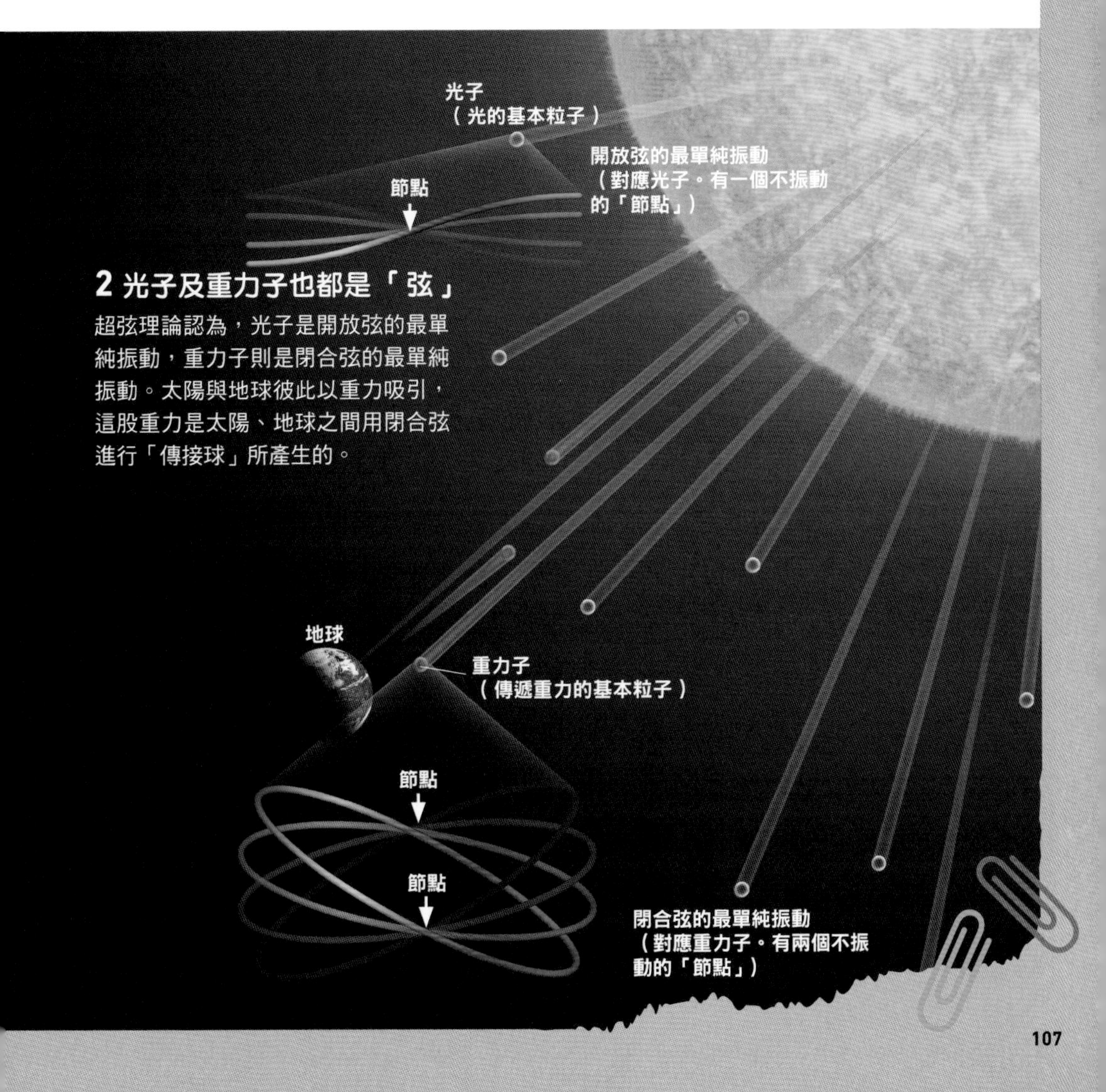

2 光子及重力子也都是「弦」

超弦理論認為，光子是開放弦的最單純振動，重力子則是閉合弦的最單純振動。太陽與地球彼此以重力吸引，這股重力是太陽、地球之間用閉合弦進行「傳接球」所產生的。

用量子論探討自然界的謎團

透過量子論探討宇宙的起源

宇宙的誕生與穿隧效應有關？

1 起始為「尖端」的宇宙誕生模型

左邊是從側面觀看圓錐的斷面圖，右邊則是從正面望進圓錐所呈現的圖，右圖的中心點便是宇宙的起始。這個中心點（起始）十分特殊，只有這裡往任何方向都是「時間方向」。這樣的點被稱為「奇異點」（singularity）。

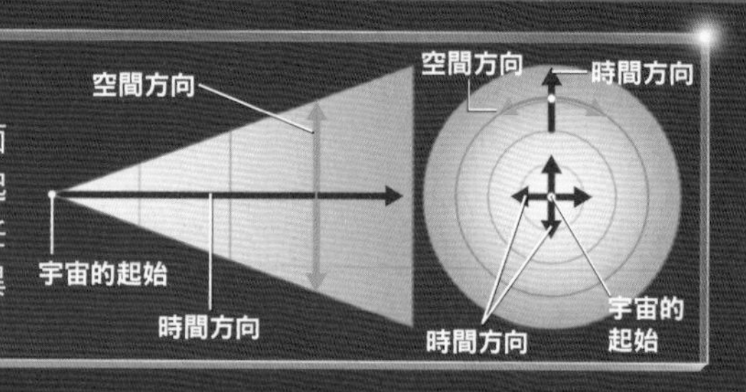

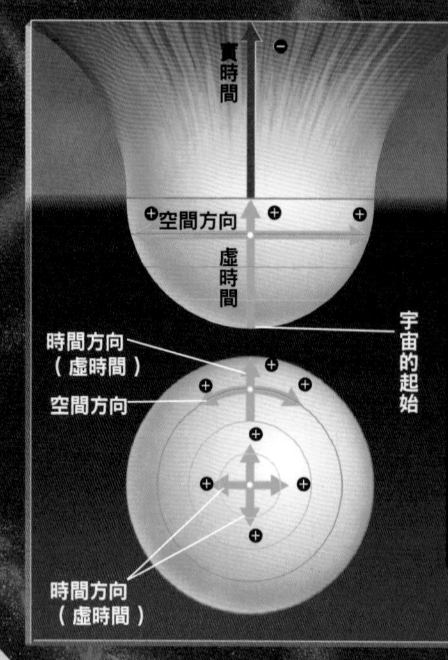

2 為何虛時間沒有開端？

根據相對論，如同下方的公式所顯示的，在宇宙整體的歷史，也就是時空之中，「空間方向」為正，「時間方向」為負。

$$(\text{時空內的距離})^2=(\text{空間方向的距離})^2-(\text{時間的經過})^2$$

虛時間的虛代表虛數，虛數指的是平方之後為負值的數。由於負負（減負值）得正，虛時間的流逝會讓「時間方向」也變成了正的因子，於是空間方向與時間方向失去了差別。換句話說，宇宙的起始與其他的點並沒有不同，不再是尖端（奇異點）。

事出必有因。球會飛過來，是因為有人將球往這裡丟。越了解過去，就越能理解為何現在會是這樣的狀態。

如果是探討宇宙的誕生，宇宙誕生的瞬間便是時間的開端。例如，若將某個時刻的宇宙視為一次元的圓圈，往過去回溯宇宙膨脹的話，圓圈會越變越小，形成圓錐。圓錐的尖端「時空奇異點」（spacetime singularity，又稱為重力奇異點 gravitational singularity）便是宇宙的起始，在此之前（尖端左側）時間及宇宙本身都不存在（**1**）。

英國的理論物理與宇宙學家霍金（Stephen Hawking，1942～2018）與哈妥（James Hartle，1939～2023）在1983年對於宇宙的起源提出了新的見解。他們認為，**宇宙誕生時的時間不是一般的時間（實時間），而是「虛時間」（imaginary time）**。虛時間並不是虛數，因為它是不真實的或虛構的，它只是用虛數來表達，虛數是指平方後為負值的數。虛時間中沒有空間與時間的區別，不存在邊界或奇異點（**2**），被稱為「無邊界理論」（no-boundary proposal）※。

霍金等人又進一步思考了宇宙源自虛時間的宇宙模型。這個模型認為，**因為量子論的穿隧效應，宇宙會在翻過山頭後滾落下來（3）**。

※：1996年霍金在《時間之始》（*The Beginning of Time*）中表示，發生大爆炸之前，宇宙在空間和時間上都是一個奇異點。如果我們能夠在時間上倒退到宇宙的起源，會發現在很接近宇宙起源的地方，時間讓位給空間，因此只有空間而沒有時間。

3 霍金等人的宇宙誕生模型

這個模型是以從斜坡滾落的球來表現。O點對應的是宇宙大小為0的狀態，右側則有山。在巨觀世界中，放在O點的球會因為右側的山而無法滾動，也就是宇宙不會出現。但若以量子論思考，球會因為穿隧效應而穿過山。山另一側的陡坡代表宇宙的內在能量，這股能量造成了宇宙急速膨脹。

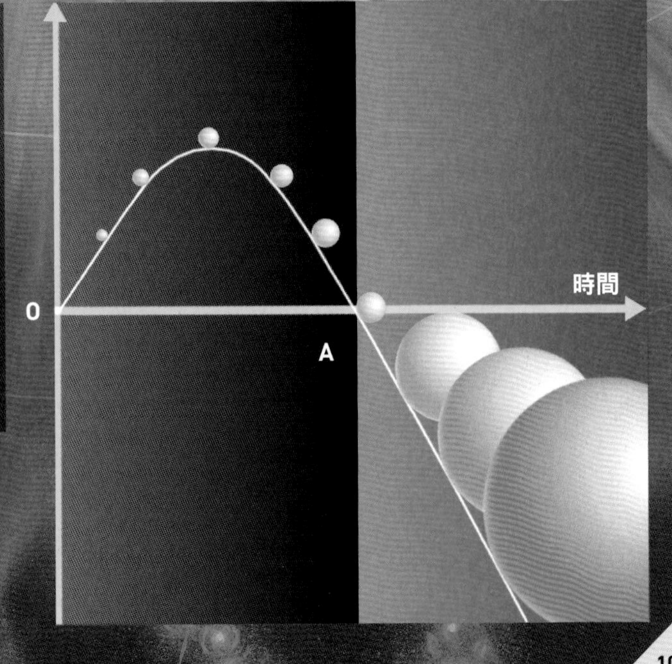

用量子論探討自然界的謎團

其實有很多個宇宙同時存在!?

日常生活中真的有平行世界嗎？

量子論的一大特點是「狀態的共存」。透過電子的雙狹縫實驗可得知，雖然一次只射出一個電子，但通過兩條狹縫的狀態會互相干涉，在屏幕留下條紋狀痕跡（第56～57頁）。

其實這樣的事情也發生在整個宇宙。而且一般認為，無論是在宇宙初期或現在的宇宙，這都是極為常見的事。

例如，當宇宙發生暴脹※，宇宙會自然產生無數的粒子。但科學家根據計算假設，**產生無數粒子的宇宙、粒子數量沒那麼多的宇宙、幾乎什麼也沒產生的宇宙等各式各樣的宇宙是共存的**。

其實在規模更小的日常層級同樣也有從一個宇宙變化為許多宇宙共存的過程。

像是進行電子的雙狹縫實驗時，電子會在屏幕上留下條紋狀痕跡，但其實每次實驗時電子抵達的位置並不相同。可能會到達屏幕上的某個位置，也可能是其他的位置。這也可以解釋為許多個世界的共存。換句話說，電子抵達某個位置的世界和抵達其他位置的世界等各式各樣的世界是共存的。

上述的思維被稱作量子論的「多世界詮釋」（many-worlds interpretation）。

※：宇宙暴脹被認為是發生在大霹靂之前的宇宙大膨脹。也有研究認為宇宙暴脹發生在大霹靂後10^{-36}秒持續到大霹靂後10^{-33}至10^{-32}秒之間。

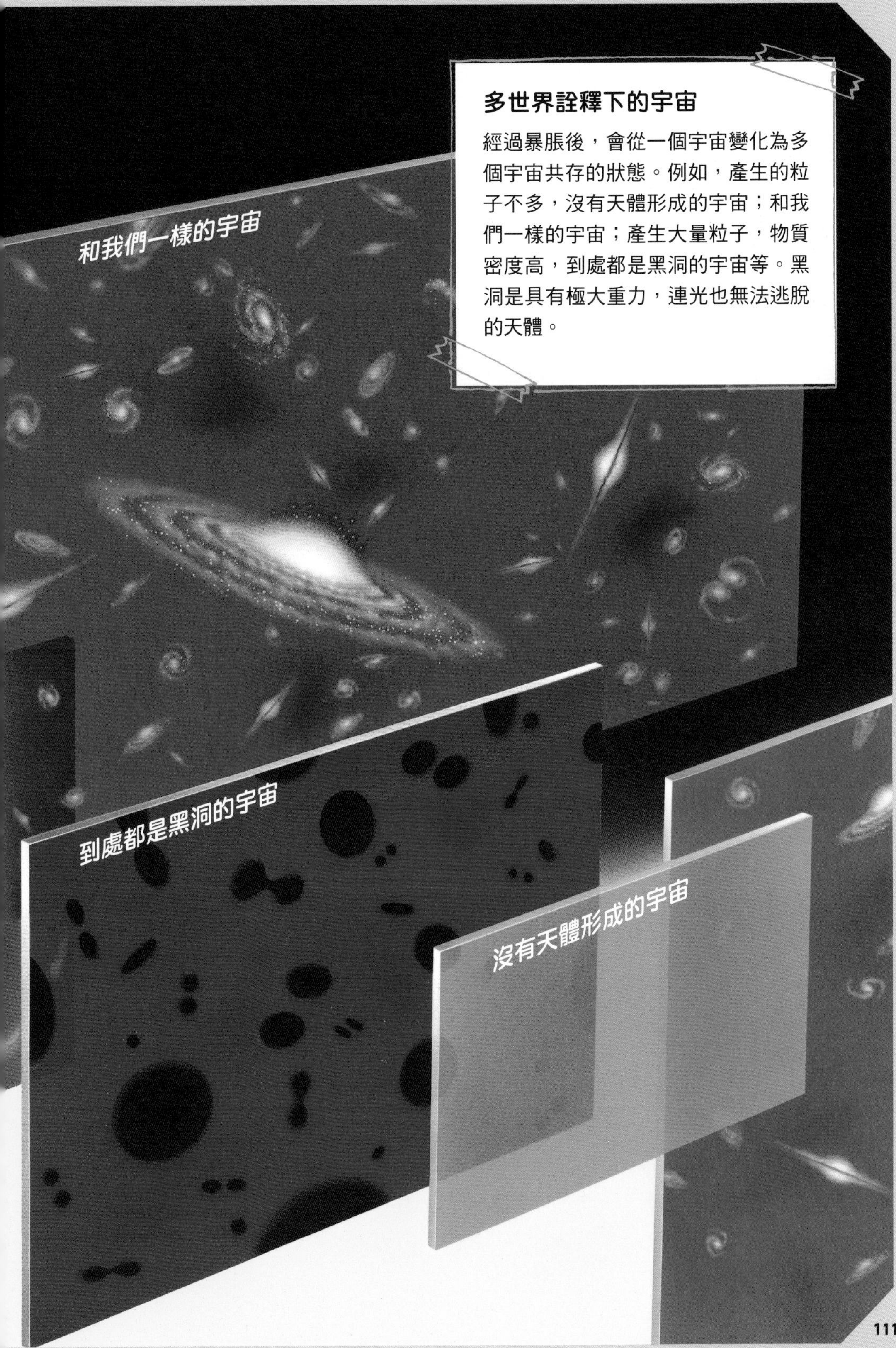

多世界詮釋下的宇宙

經過暴脹後，會從一個宇宙變化為多個宇宙共存的狀態。例如，產生的粒子不多，沒有天體形成的宇宙；和我們一樣的宇宙；產生大量粒子，物質密度高，到處都是黑洞的宇宙等。黑洞是具有極大重力，連光也無法逃脫的天體。

用量子論的觀點解釋為何候鳥不會迷路

候鳥有可能是利用了量子論的效應

量子論也可以用來解釋候鳥身上的現象。

在候鳥或海龜等會進行數千公里長途旅行的動物之中，有某些種類具有感知地磁的能力。藉由感知地磁判斷方向，就能夠順利抵達目的地而不會迷路。

「歐亞鴝」（*Erithacus rubecula*，又名知更鳥）這種候鳥有可能是運用了量子論獨特的效應感知到地磁的。歐亞鴝的視網膜有一種名為「隱花色素」（cryptochrome）的蛋白質，接收到藍光會製造出成對的電子。

電子具有名為「自旋※1」（spin）的性質，而且當電子成對時，整體的自旋可能會互相抵消，也可能會互相增強※2。至於抵消或增強的成對電子多寡，則取決於周遭磁力的影響。因此科學家認為，歐亞鴝之所以能夠感知地磁，或許就是由這種透過量子論解釋的視網膜變化而來。

像這樣研究生物如何利用量子論效應的學問叫作「量子生物學」。

※1：電子的自轉運動，是粒子所具有的內稟性質，並因此產生一個磁場。

※2：類似光子或電子等微觀物質的雙狹縫實驗中形成的干涉效應。隱花色素內的電子受到光子撞擊散開時，其自旋的方向會隨著地球磁場的變動而變化。

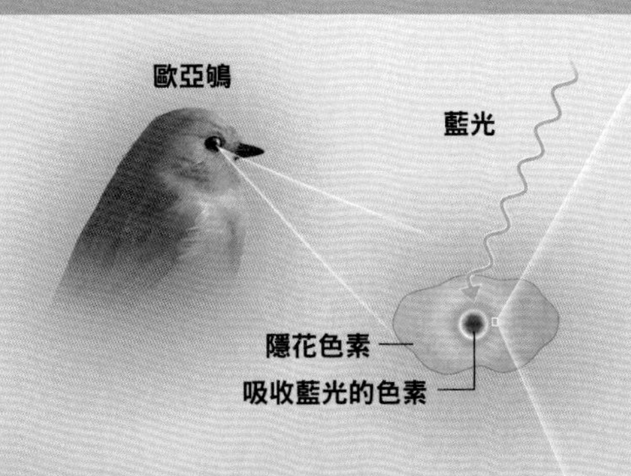

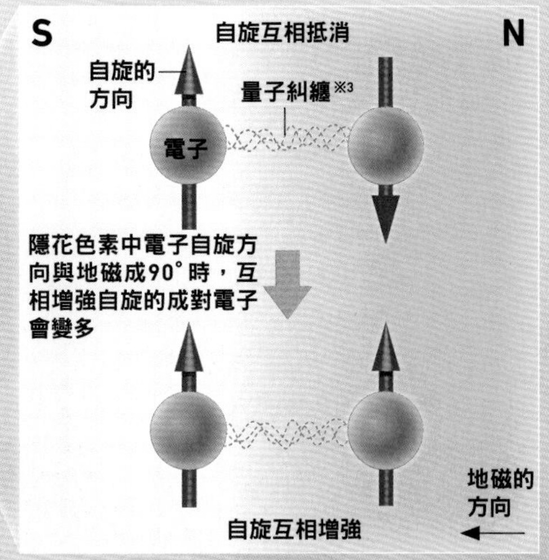

歐亞鴝的「地磁感測器」運作原理

歐亞鴝眼睛裡的「隱花色素」接收到藍光時會製造出成對的電子，科學家發現，這些成對電子的「自旋」狀態會受到地磁影響。

※3：關於「量子糾纏」請見第136～137頁之說明。

量子論的效應也顯現在光合作用上？

「量子生物學」提出了驚人的假說

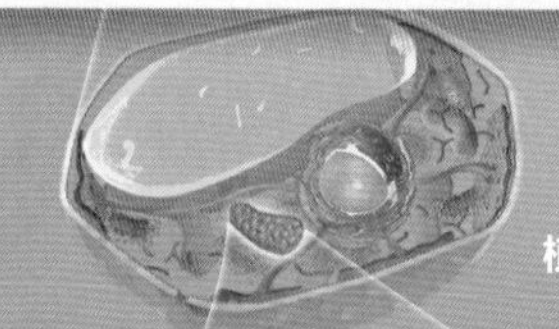

植物細胞
光
類囊體
葉綠體內部的囊狀結構。光合作用會在其表面的膜（類囊體膜，thylakoid membrane）上進行。
葉綠體
光照射到葉綠素，產生「激子」。
激子傳往數個葉綠素
葉綠素

波動以出色的效率運送光合作用的能量

右圖為光合作用中，能量以波動形式運送的示意圖。葉綠素接收到的陽光能量之移動，可以想成假想粒子「激子」的流動。科學家假設，激子應該是表現出了量子論性質的波動之特徵，以出色的效率將能量送往光合作用中心體。

這個單元要介紹量子生物學的重要主題「光合作用的能量傳遞機制」。

綠色植物及細菌會進行「光合作用」，執行光合作用的是植物細胞內的「葉綠體」(chloroplast)。葉綠體內最先吸收光（光子）的則是名為「葉綠素」(chlorophyll）的分子。

當葉綠素吸收光子，分子所帶的電子會變成能量較高的「激子」(exciton)。激子會接連地往周圍的葉綠素傳遞※，最後被運往位在蛋白質內一處名為「光合作用中心體」(photosynthetic reaction center）的特殊複合體。激子運來的能量會用於化學反應，並進入到下一個反應。

然而這個系統存在著謎團。光子的能量會幾乎100%被運到光合作用中心體，但過去並不知道，在有大量葉綠素的細胞內，將激子運往光合作用中心體的路徑是如何選出來的。

2007年發表的一項實驗結果中運用波函數描述了激子。也就是說，**激子或許是以量子論性質的波動形式，同時經由好幾個葉綠素被運往光合作用中心體**。

量子生物學仍是很新的研究領域，生物與量子論效應的關係目前都還在假說階段。但後續的研究，說不定會取得重大的突破。

※：實際上，被激發的電子能量會接連地在葉綠素間傳遞，以連鎖的方式激發電子。量子論則將此想成是帶有能量的假想粒子「激子」流過。激子是凝聚體物理學中轉移能量而不轉移電荷的基本粒子。

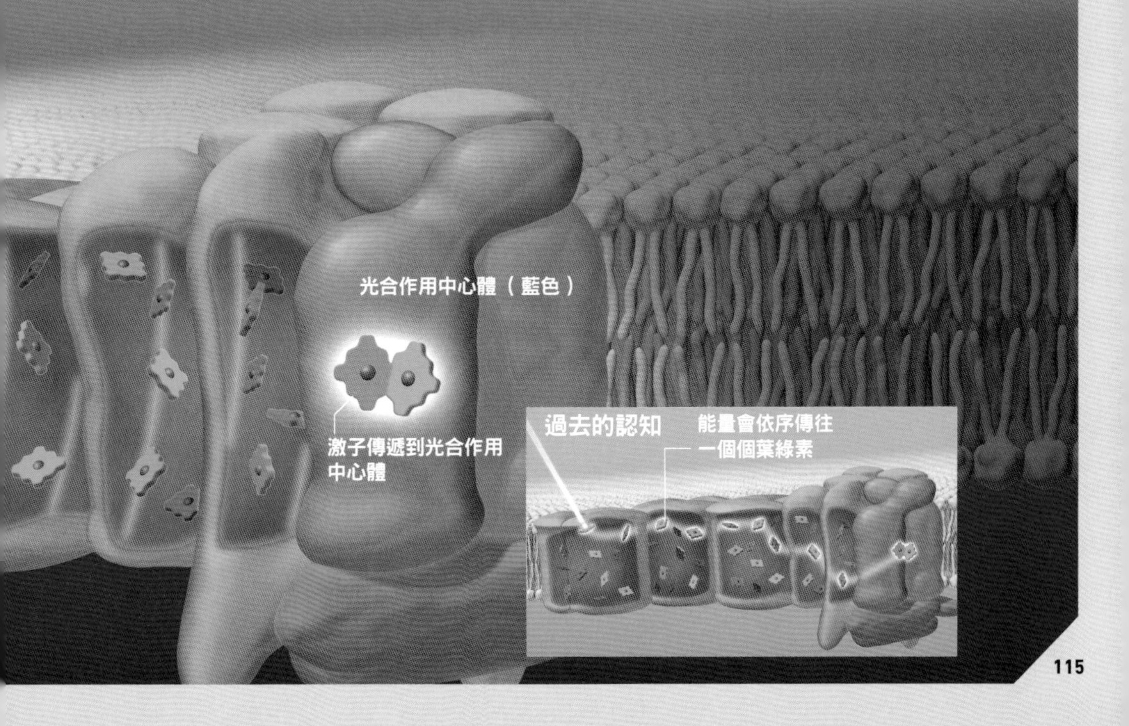
光合作用中心體（藍色）
激子傳遞到光合作用中心體
過去的認知
能量會依序傳往一個個葉綠素

Column

Coffee Break

宇宙中的一切說不定都是「幻影」

物理學的世界會探討各式各樣顛覆我們常識的理論，其中一項稱之為「全像原理」（holographic principle）。這一項原理認為，看起來像是3維空間的這個世界，說不定其實只是幻影。

全像原本是指2維的面照射到光時，會顯示出3維立體影像的「全像攝影」（holography）※相關技術及原理。全像原理和全像攝影雖然完全是兩回事，但又有相似之處，因此才這樣稱呼。

全像原理指出，目前3維空間的世界有可能只是由2維空間的世界（相當於全像攝影）製造出的立體影像。

現代物理學甚至認真探討空間的存在並非絕對的可能性。空間以及與空間為一體的時間都可能只是「2維性質的存在」，誕生自某種更基本之物。

許多理論物理學家目前都正為了建立完整的「量子重力論」論述而進行研究。基本粒子及時空之存在等謎團可望透過量子重力論得到更深入的解析。

※：全像攝影將受拍攝物體反射或透射光波中的全部訊息（振幅、相位）記錄在膠片上，完全重建受拍攝物體反射或透射的光線。從不同的方位和角度觀看相片，可以看到受拍攝物體的不同角度，使人產生立體視覺。

宇宙是全像攝影的影像？

右圖是全像原理的示意圖。我們所處的3維空間的世界或許只是從2維空間的平面所投影出來的立體影像。

銀河系的立體影像
銀河系的全像攝影

5

應用了量子論的最新技術

我們身邊有許多東西的問世都必須歸功於量子論。電腦、智慧型手機的誕生是因為量子論闡明了半導體的性質，全世界目前都在開發運用量子論打造的新技術。最後一章將介紹量子論帶來的各種發展。

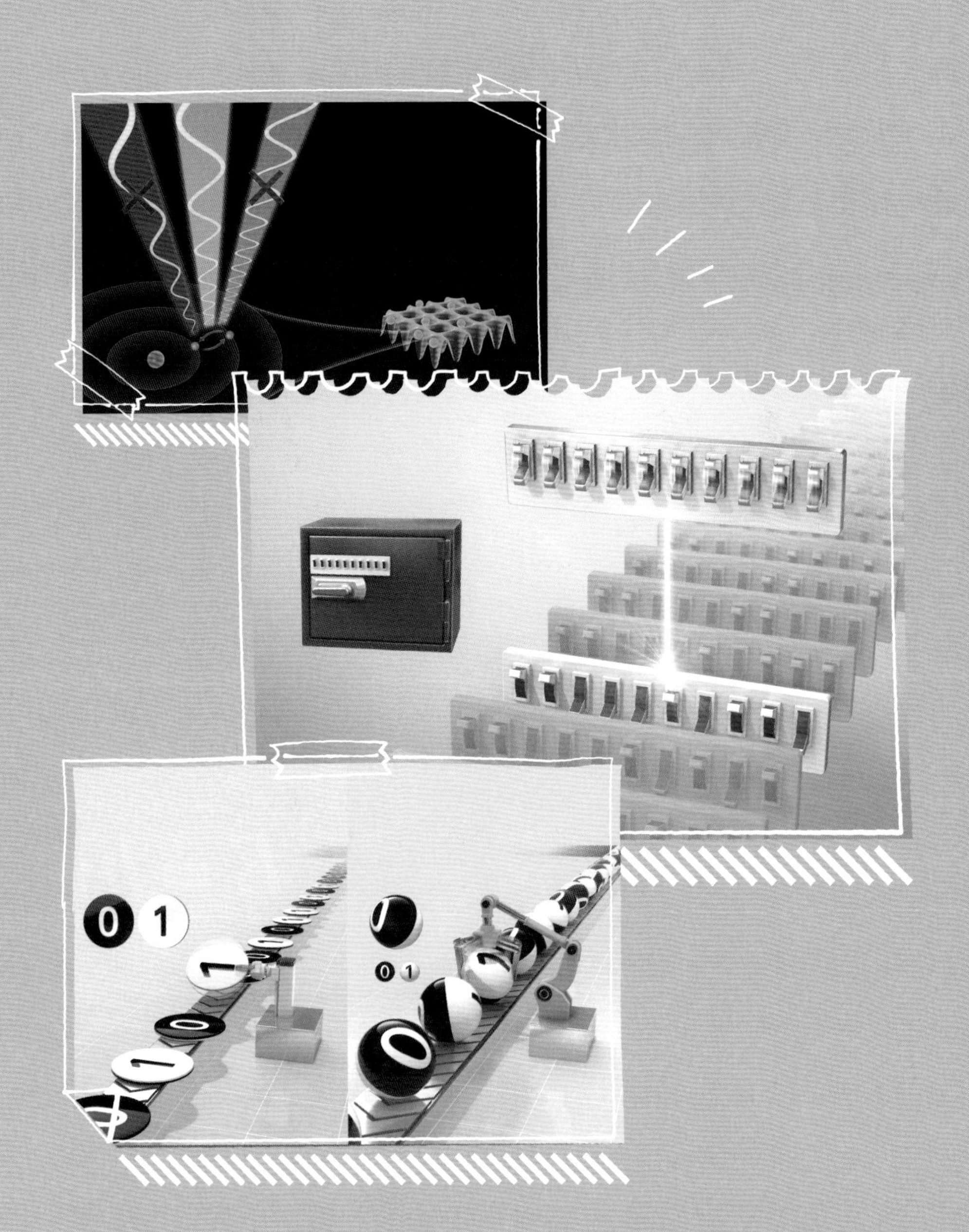
0 1
0 1

應用了量子論的最新技術

以量子論為基礎的「原子鐘」準確度不同凡響

準確度更加提升的「光晶格鐘」也已問世！

不會釋放其他頻率（波長）的光子。

表示光子的能量與頻率關係的公式

$$E = h\nu$$

能量　普朗克常數　頻率

普朗克常數約為6.62×10^{-34} J·s（焦耳·秒）

釋放頻率（波長）與能量E相應的光子，移動至能階較低的軌域。

原子核

電子

接收能量E，移動至能階較高的軌域。

由於量子論分析出了原子的結構，因此也就能夠計算原子內電子的軌域。

當電子移動至其他軌域時，會吸收、釋放相當於軌域間能量差的光子※1**。「原子鐘」正是藉由運用這種現象做到了精確的計時**。

1949年研發出來的原子鐘具有遠超過擺鐘及石英時鐘（將晶體的振動當作基準的時鐘）※2等裝置的準確度。舉例來說，準確度最高的銫原子鐘NIST-F2誤差約為1000兆分之1（10^{-15}），這代表每3000萬年才會有約1秒的誤差。至於一般的石英時鐘1個月就會有數秒以上的誤差。

光子的能量與頻率（波每秒平均振動的次數）成正比。銫原子鐘是測量銫133原子釋放出的電波振動9,192,631,770次的時間，將此時間定義為「1秒」。**銫原子鐘的「1秒」自1967年成為時間的國際定義後，一直沿用至今**。

1秒的定義或許還會有更進一步的演變。日本東京大學的香取秀俊教授（1964～）所開發的「光晶格鐘」（optical lattice clock）達成了誤差100京分之1（10^{-18}）的超高準確度。這相當於就算從宇宙誕生開始一直計時到現在，連1秒的誤差都沒有。

※1：由於電子的軌域是不連續的，電子所帶的能量也會是不連續的值，這樣的能量稱為「能階」。另外，電子所帶的能量較高的軌域也稱為「能階較高的軌域」。

※2：石英晶體具有正反壓電效應，若在晶體某一方向加上電場，則在它垂直方向上會引起機械振動，而此機械振動反過來又在原加電場方向上附加一電場，這又引起機械振動，產生一種振動循環，此振動頻率可用來計時。

光晶格鐘

以原子釋放的光之振動做為時間的基準

左圖中顯示原子內的電子一面釋放光，一面從能量高的軌域往能量低的軌域移動。光的頻率會對應到波長，波長則與光的顏色有關，因此圖中以「特定顏色的光」表現「特定頻率的光」。原子鐘便是利用此一性質，將特定原子釋放的光之振動次數當作時間的基準。

應用了量子論的最新技術

「雷射」也是量子論的產物

最新的應用將嘗試替電子「拍照」

雷射筆、DVD或藍光光碟（BD）的讀寫、精密加工及手術等，現代生活中隨處可見應用雷射的物品。

其實，**雷射也是一種應用了量子論的技術**。通常位於高能階的電子會釋放出光，往低能階移動，但在某些條件下會使這種移動難以發生，讓電子累積在高能階（1）。

此時若以頻率相當於能階之間能量差的光照射，電子會往能階低的軌域移動，同時釋放出與照射電子的光相同頻率的光。**利用這種被愛因斯坦稱為「受激發射※1」（stimulated emission）的現象，得以使電子以連鎖反應般的方式移動，製造出單色且相位（波振動的時機）一致的雷射光（2）※2**。

現在最受到矚目的，則是用X射線或紫外線僅以10^{-18}秒（原秒或阿秒，attosecond）的極短時間照射的「原秒脈衝雷射」。目前雖然已開發出飛秒（femto-second，10^{-15}秒）雷射，但尚未到達原秒的境界。

原子、分子內的電子運動是以原秒等級的時間進行的，原秒脈衝雷射可以當作觀測這些現象的「閃光燈」來使用。也就是說，**如果使用原秒脈衝雷射，說不定就能直接觀測電子表現的行為**。

這將有助於釐清「為何容易發生特定化學反應」之類的問題。所有的化學反應基本上都是「電子的轉移」，因此若要理解化學反應，正確理解電子的行為特性是重要關鍵。

※1：受激發射的理論公式是愛因斯坦在1917年推導出來的。
※2：雷射（LASER）就是「放大受激發射的光」（Light Amplification by Stimulated Emission of Radiation）的縮寫。

雷射光是電子一齊釋放出光形成的

下方簡略畫出了雷射的原理。調整電子的能量狀態，使電子一齊釋放出光，可以藉此製造出顏色及相位一致的雷射光。除了日常生活中的各種用途，雷射光也用於科學研究等（見照片）。

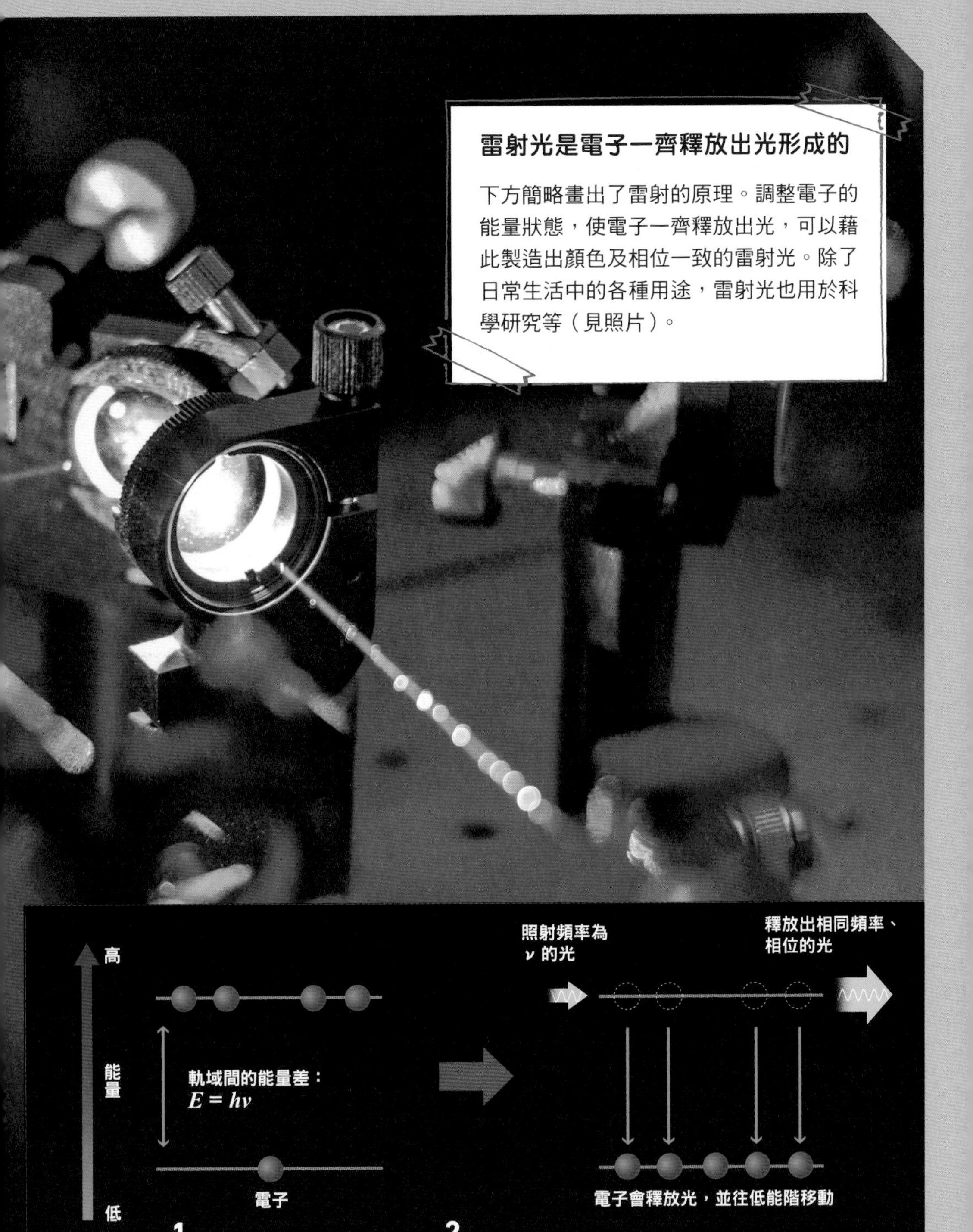

1

將電子累積在高能階。

2

用頻率 ν 等同於能量差的光照射之後，電子往低能階移動的同時，會釋放出相同頻率的光（受激發射）。這種光的相位與激發所使用的光相同，因此可以製造出頻率（顏色）及相位相同的光。

因量子論而有重大突破的半導體已是當今社會的必需品

半導體在太空中也很有用處！

量子論也已闡明了固體的性質（第100～101頁）。介於不導電的絕緣體與導電的金屬中間的固體稱為「半導體」，意思即是擁有約一半的導電性。

半導體在一般狀態下不會導電，但只要稍微下點工夫就會變得能夠導電，這項特性可以應用在各式各樣的技術上。

例如，照到光時會導電的半導體可以用來檢測光。X射線檢測半導體元件可以精確測量X射線的能量，因此也會搭載於觀測宇宙X射線的人造衛星上。將許多個檢測光的半導體排在一起，再裝上判斷是哪一個被光照到的裝置，就成了拍攝影像的元件。用於相機、手機、汽車、無人機等各種設備的「電荷耦合元件」（Charge-coupled Device，CCD）※1便是這種技術的應用實例。

另外，讓照到光時會得到能量的電子流向半導體外部，就成了太陽能電池。由於太陽能電池不需燃料，因此廣泛使用於人造衛星、行星探測器等太空載具上。

而不同特性的半導體若連接得宜，就成了能增加電流的電路元件「電晶體」（transistor）。電晶體是所有電路的基礎，電腦的運算電路便是數量龐大的電晶體集結而成。

量子論研究的進展使得半導體為人類的生活帶來了更多便利，相信今後也會持續有新的突破。

※1：電荷耦合元件又稱感光耦合元件，是一種積體電路（integrated circuit），具有許多排列整齊儲存電荷的電容（capacitance），能感應光線，並將影像轉變成數位訊號。

無論是科學研究或日常生活都少不了半導體

以下是數個半導體的應用實例。從探索宇宙到太陽能電池、平時使用的相機、手機、電腦等各種物品內，都可以看到半導體的蹤跡。

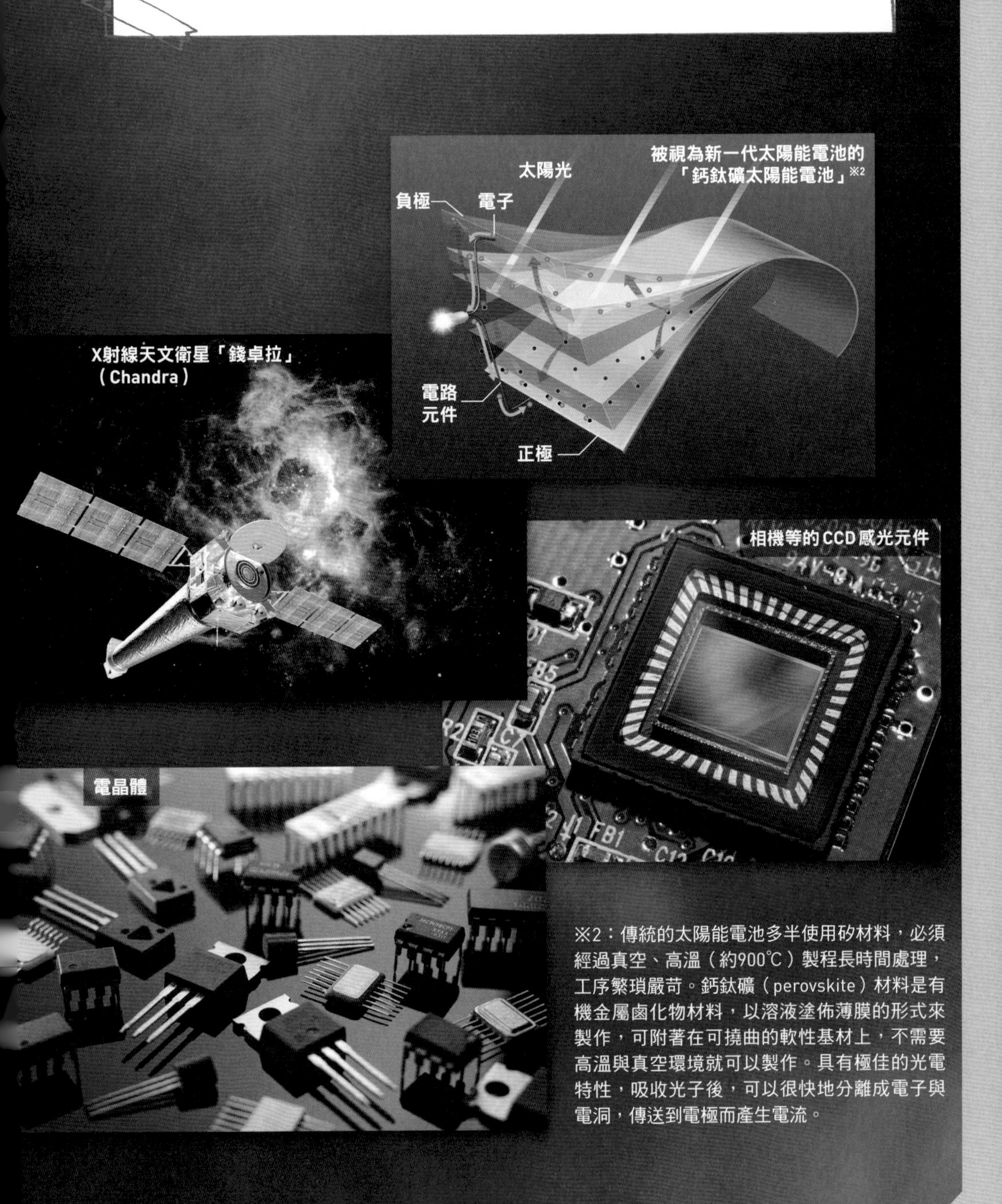

※2：傳統的太陽能電池多半使用矽材料，必須經過真空、高溫（約900℃）製程長時間處理，工序繁瑣嚴苛。鈣鈦礦（perovskite）材料是有機金屬鹵化物材料，以溶液塗佈薄膜的形式來製作，可附著在可撓曲的軟性基材上，不需要高溫與真空環境就可以製作。具有極佳的光電特性，吸收光子後，可以很快地分離成電子與電洞，傳送到電極而產生電流。

應用了量子論的最新技術

用「量子開關」打開保險箱！

量子電腦的架構呼應了「狀態的共存」

保險箱

開關（朝上或朝下）

接下來要稍微介紹最近常聽到的「量子電腦」。不過在那之前，先來看看以下這個例子。

有一個保險箱裝設了10個開關，必須所有開關的上下位置都正確，才能打開保險箱。10個開關的上下位置總共有1024（$=2^{10}$）種可能，其中只有一種是正確的。

但你不小心忘了開關的正確上下位置。這時若要打開保險箱，只能把1024種可能全都試一遍。不過，如果這10個開關是可以「同時」朝上與朝下的「量子開關」，不用一一嘗試所有可能就可打開保險箱了。

10個量子開關同時囊括了1組正確的上下位置以及1023組錯誤的上下位置。轉動保險箱門上的把手，量子開關會出現變化。原本「同樣」維持在中間的每個開關會逐漸往上或往下「移動」。當把手轉到底時，開關會明確地指向上方或下方，顯示出正確的上下組合。如此一來，保險箱的門就打開了！※

這個例子象徵了量子電腦的架構之所以比現有的電腦更高速運算的原因。**量子電腦是一種特殊的電腦，利用了微觀物質會同時具有數種狀態的「狀態的共存」進行計算**。同時往上與往下的量子開關正是呼應了「狀態的共存」。

※：這種「量子開關保險箱」只是用來舉例說明「狀態共存」的高速運算。因為任何人只要將保險箱門上的把手轉到底，即可顯示出正確的開關組合而打開保險箱，完全失去了設定10個開關的保險功能。

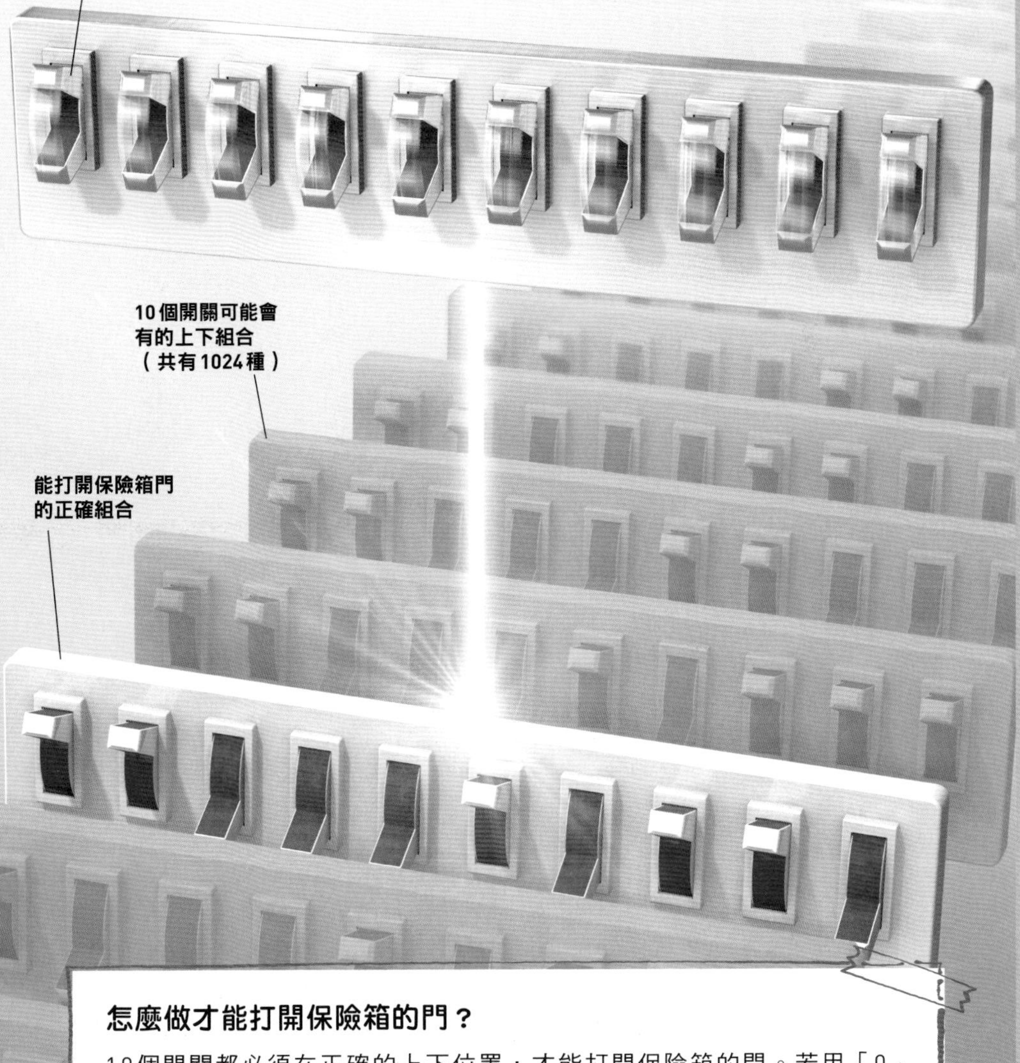

怎麼做才能打開保險箱的門？

10個開關都必須在正確的上下位置，才能打開保險箱的門。若用「0」表示開關朝下，「1」表示開關朝上，10個開關的上下位置就可以用類似「0101100111」（下上下上上下下上上上），由0與1組成的10位數來表示。而10個開關的上下位置總共會有1024（2^{10}）種可能。

可以同時朝上與朝下的「量子開關」能夠同時囊括0與1兩個數。連接10個量子開關的話，理論上可以同時表現出1024種所有的可能。

應用了量子論的最新技術

次世代的運算機器「量子電腦」

利用狀態的共存，能夠一次進行許多運算

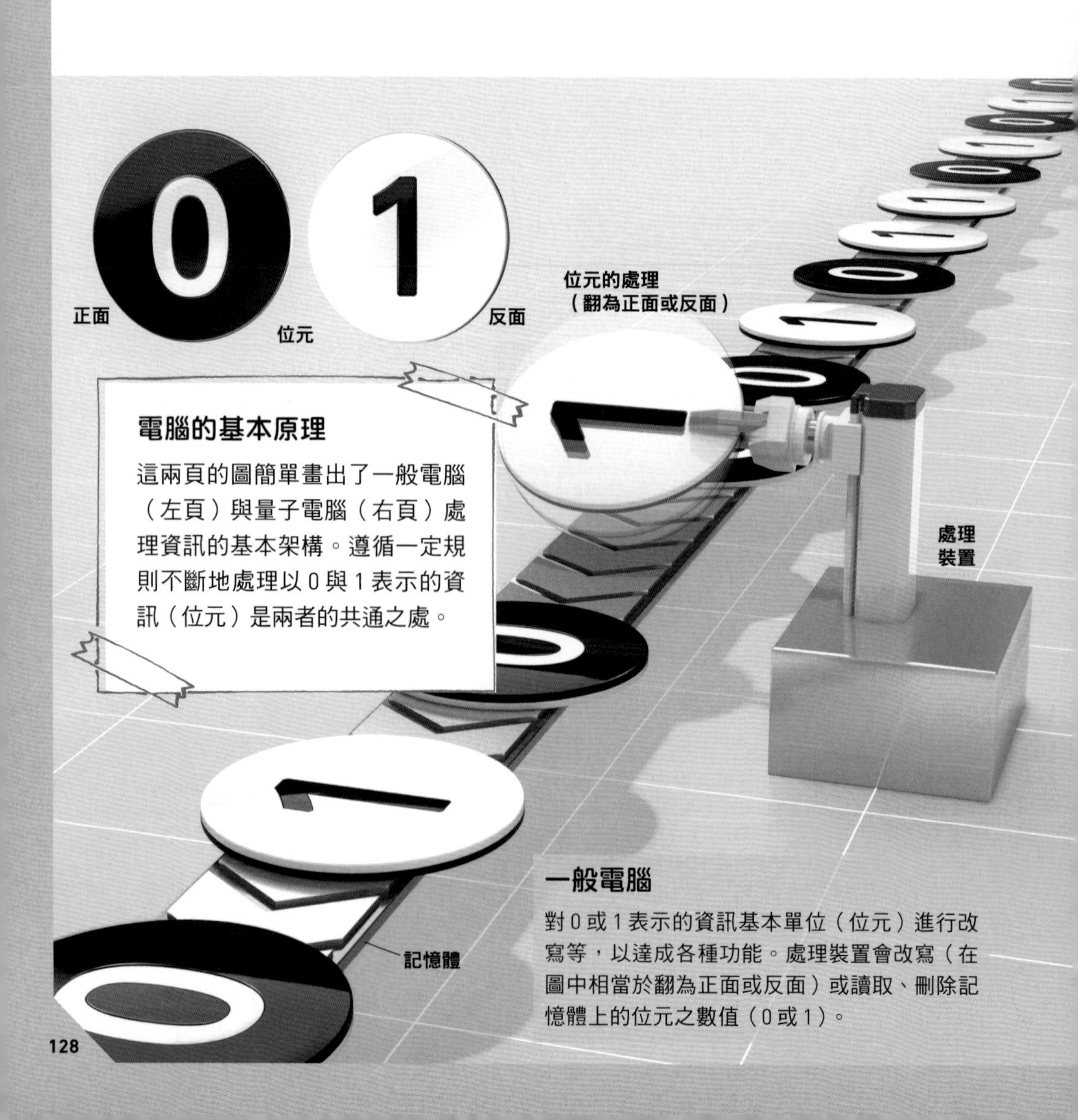

電腦的基本原理

這兩頁的圖簡單畫出了一般電腦（左頁）與量子電腦（右頁）處理資訊的基本架構。遵循一定規則不斷地處理以 0 與 1 表示的資訊（位元）是兩者的共通之處。

一般電腦

對 0 或 1 表示的資訊基本單位（位元）進行改寫等，以達成各種功能。處理裝置會改寫（在圖中相當於翻為正面或反面）或讀取、刪除記憶體上的位元之數值（0 或 1）。

量子電腦若實用化，或許一下子就能完成過去的電腦需要花上幾萬年處理的運算。

現在的電腦是以「0」與「1」的排列表示資訊，0或1所形成的資訊的最小單位稱為「位元」，0與1則代表了電路的電壓、電流等的關與開。

量子電腦的位元則稱為「量子位元」或者「Q位元」，其特徵是**0或1並非代表電壓、電流，而是表示「電子自旋的方向」、「超導電路的電流方向」等微觀粒子的量子論性質狀態**。

如此一來，狀態的共存（疊加）使得量子位元可以同時表示0與1，因此能同時進行兩者的運算，運算速度遠高於現在的電腦。

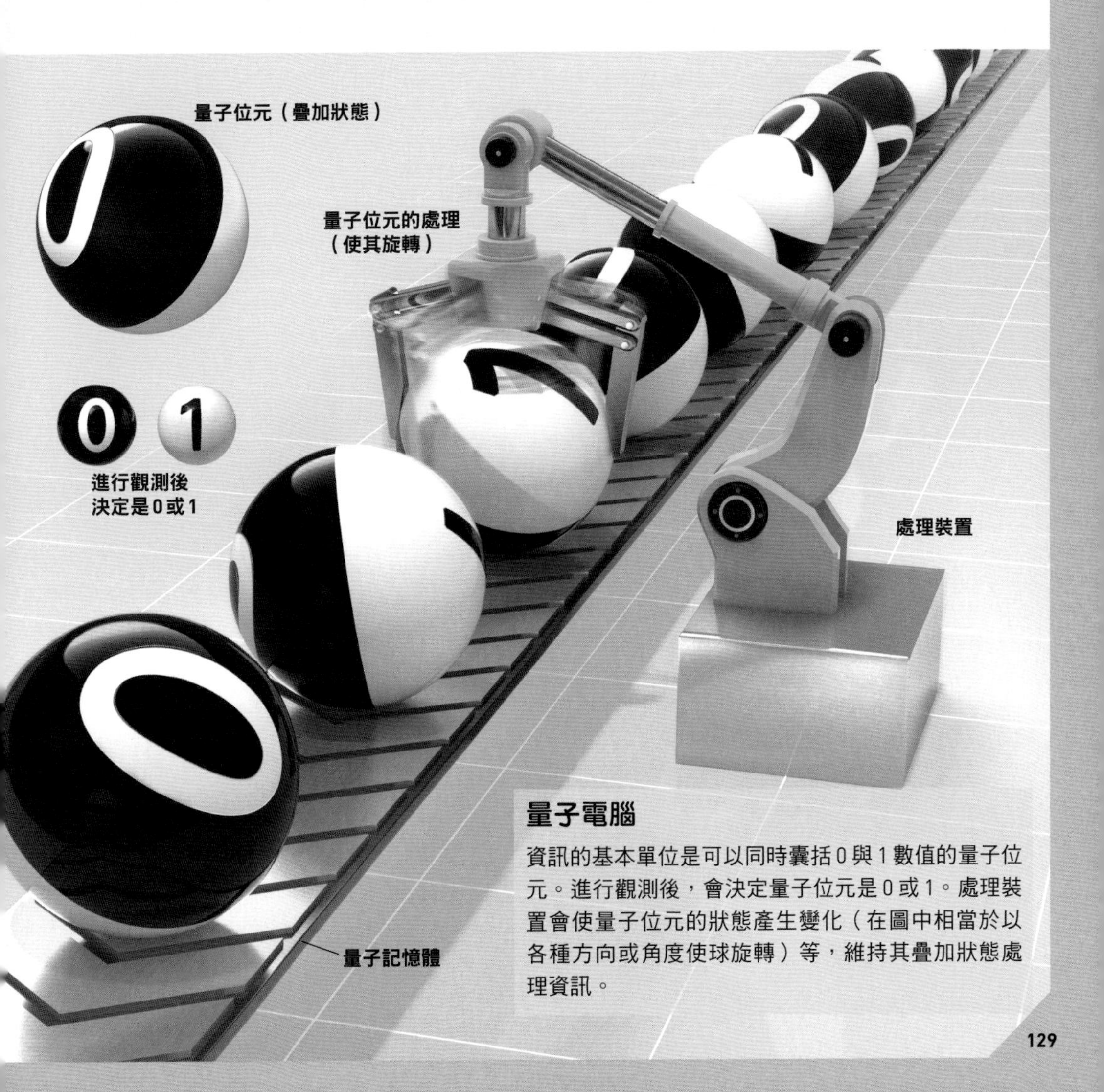

量子電腦

資訊的基本單位是可以同時囊括0與1數值的量子位元。進行觀測後，會決定量子位元是0或1。處理裝置會使量子位元的狀態產生變化（在圖中相當於以各種方向或角度使球旋轉）等，維持其疊加狀態處理資訊。

應用了量子論的最新技術

量子電腦擅長哪些運算

也有一些案例是過去的電腦算得比較快

量子電腦擅長的運算與現有的電腦有所不同。例如，**「天文數字的質因數分解」、「量子化學計算」連超級電腦都難以解開，但如果使用量子電腦，很快就能計算出來**。

其實這也產生了問題。目前用於網路資訊安全的密碼其實就與天文數字的質因數分解有關，若量子電腦被開發出來，目前使用的密碼有可能會遭到破解。

另一方面，新材料的研發等如果使用量子化學計算的話會更有效率。

不過，**量子電腦的運作原理與現有的電腦完全不同**。因此某些問題可能用現有的電腦來計算反而比較快。

若量子電腦實際問世，衡量運算的「困難」與「簡單」的標準或許也會出現重大改變。

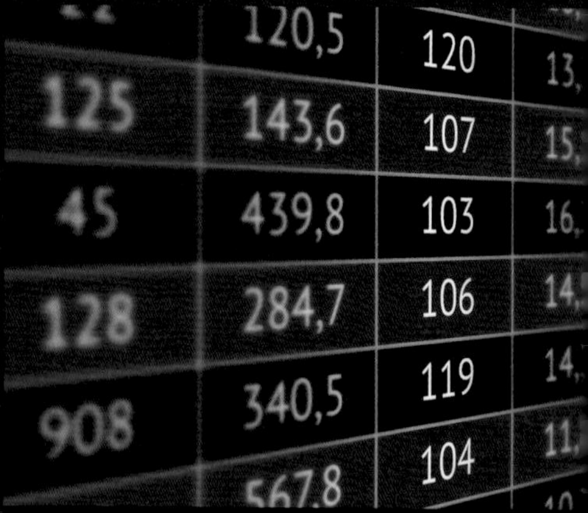

探索資料庫

從零散的數據中找出具有某些特定性質的數據是量子電腦的拿手絕活。

天文數字的質因數分解

用於網路資安等處的密碼其實與天文數字的質因數分解※有關。如果能打造出大型量子電腦，密碼有可能一下子就會被破解。

※：1977年推出的RSA加密演算法對極大整數做質因數分解，只要其長度夠長，用RSA加密的訊息實際上是難以破解的，因此在公開金鑰加密和電子商業中被廣泛使用。

適合交給量子電腦處理的問題

目前已知，量子電腦運算某些問題的速度遠較現有的電腦快。越來越多適合交給量子電腦處理的有用問題正被發現。

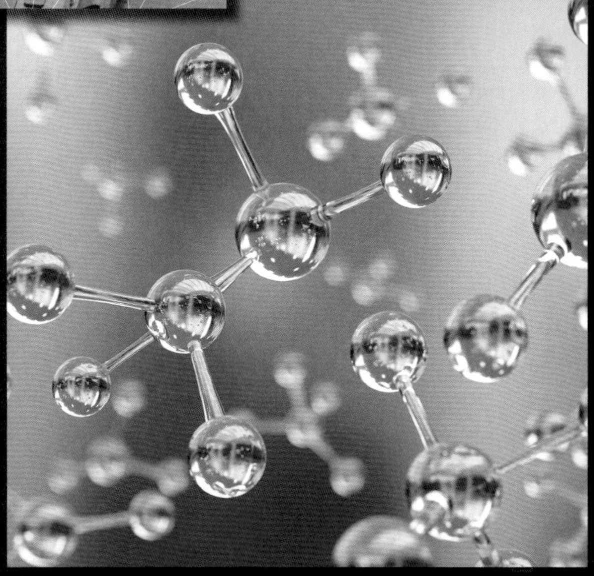

量子化學計算

從電子的狀態或能量計算原子或分子的結構叫作「量子化學計算」，若是使用現有的電腦需要花費龐大的時間。如果能藉由量子電腦進行更有效率的量子化學計算，便可透過模擬預測未知物質的機能，或甚至可能有助於開發環保無汙染的新觸媒等，解決關係到整個地球的環保課題。

無法監聽偷窺！「量子密碼」將成為資安的關鍵

量子論的效應可用於密碼「金鑰」的傳送上

為了確保網路使用安全，資訊在傳送時都會加密。但如果量子電腦開發出來了，目前使用的密碼有可能會遭破解（前頁）。**因此目前正在推動理論上第三方無法監聽偷窺的「量子密碼」實用化**。

量子密碼首先要傳送密碼的金鑰（0與1構成的亂數），這種機制稱為「量子密鑰分發」。

進行量子密鑰分發時會將金鑰的資訊（0或1）以光子的偏振（polarization）※狀態傳送。偏振包括了直線偏振（偏振方向為上下或左右）與圓偏振（往右旋轉或往左旋轉），由何者承載金鑰的資訊則是隨機決定的（下圖的「準備」）。接收者觀測偏振，留下使用相同偏振的光子（**1**），丟棄使用不同偏振的光子（**2**）。這些被留下的光子的資訊便構成了量子密鑰。

若光子在傳送途中遭偷窺，根據量子論的原理，在遭偷窺（＝觀測）的瞬間，光子的狀態就會改變。如此一來，就會丟棄該部分的光子，重新製作其他金鑰（**3～5**）。

透過這種複雜的方式可以維護資訊的安全性。

※：偏振是橫波（電磁波、重力波等）能夠朝不同方向振盪的性質。電磁波（光波）的電場與磁場相互垂直且與波的行進方向垂直，因此振盪的電場可以呈現直線偏振、平面偏振與圓偏振。

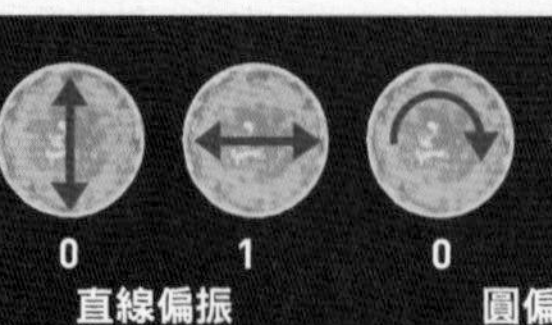

準備：
金鑰中每個文字的資訊都會以光子的偏振狀態來傳送。此時，由直線偏振或圓偏振來承載資訊是隨機決定的。由於直線偏振與圓偏振之間的不確定性原理成立（第76～77頁），如果確定了其中一方的值，就無法確定另一方的值。

光子的量子論性質能夠守護金鑰的安全

下方簡略畫出量子密鑰是如何分發的。圖中以切換成不同濾鏡的方式表現發送者和接收者分別使用各種偏振的情況。

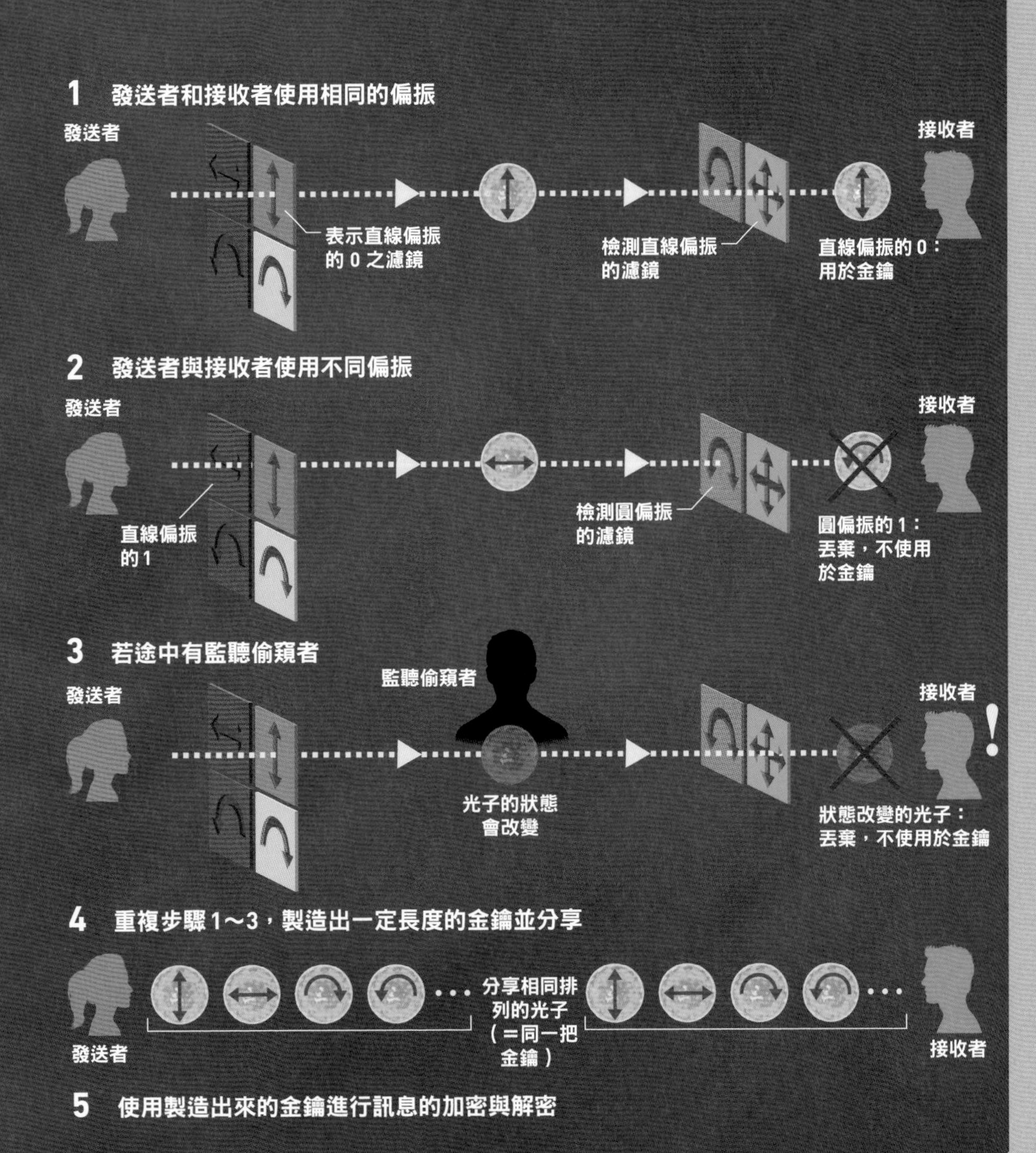

1 發送者和接收者使用相同的偏振
發送者
接收者
表示直線偏振的 0 之濾鏡
檢測直線偏振的濾鏡
直線偏振的 0：用於金鑰
2 發送者與接收者使用不同偏振
發送者
接收者
直線偏振的 1
檢測圓偏振的濾鏡
圓偏振的 1：丟棄，不使用於金鑰
3 若途中有監聽偷窺者
發送者
監聽偷窺者
接收者
光子的狀態會改變
狀態改變的光子：丟棄，不使用於金鑰
4 重複步驟 1～3，製造出一定長度的金鑰並分享
分享相同排列的光子（＝同一把金鑰）
發送者
接收者
5 使用製造出來的金鑰進行訊息的加密與解密

Column

Coffee Break

雖然傳統卻可靠的「弗納姆加密法」

除了在前一單元中介紹的金鑰使用方式，也可以使用傳統的「弗納姆加密法」（Vernam cipher）加密訊息本身進行傳送（右圖）。

弗納姆加密法是以0與1表示訊息，將相同長度的亂數當作密碼的金鑰使用，可以藉著特殊的計算進行加密或解密，是一種很單純的機制。

加密（訊息與金鑰的加法）與解密（密文與金鑰的加法）是根據名為「邏輯互斥或」（logical exclusive or）的規則※，分別以各自的位數相加。

如果使用與訊息長度相同，且為完全隨機亂數的一次性金鑰，**理論上已證明無論是性能多優異的超級電腦都無法破解密碼**。

雖然很迂迴又費事，但用這樣的步驟進行通訊的話，就不用擔心資訊外洩了。

※：「邏輯互斥或」規則是指隨機亂數編成的訊息密碼與金鑰密碼，位數長度相同。兩者位數對齊相加，對應位數的數值（0與1）兩兩相同時為否（0），不同時為真（1），形成密文的密碼。解密時則反向操作。

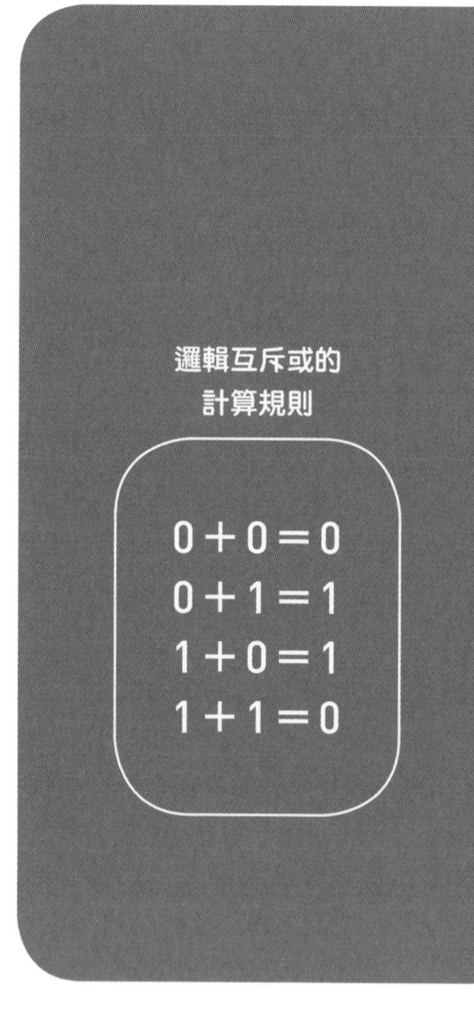

邏輯互斥或的
計算規則
0＋0＝0
0＋1＝1
1＋0＝1
1＋1＝0

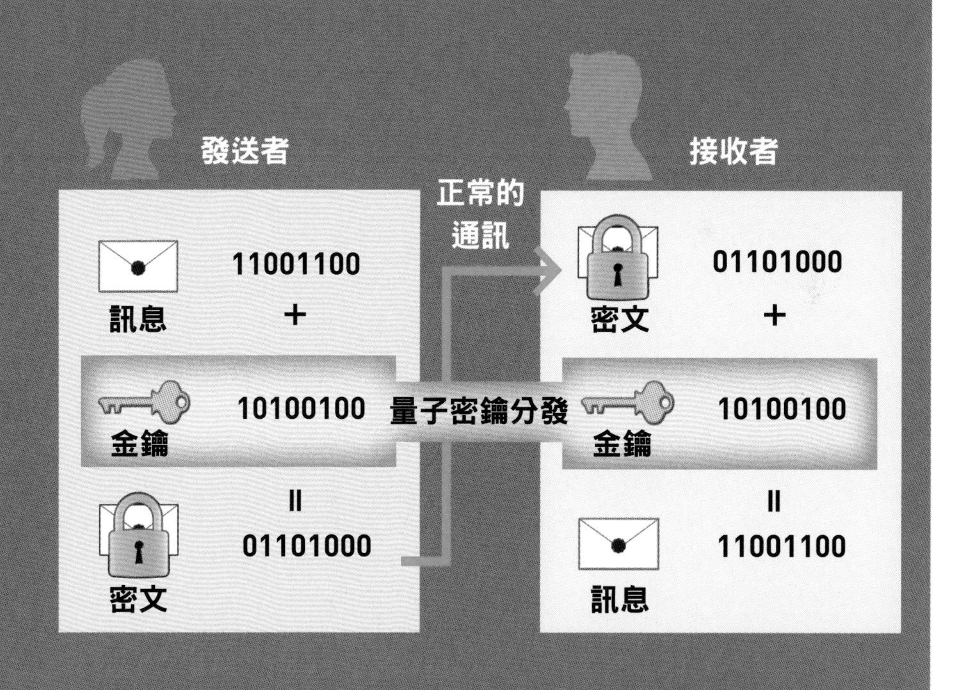
弗納姆加密法的加密機制
發送者
接收者
正常的
通訊
11001100
訊息
+
10100100
金鑰
量子密鑰分發
=
01101000
密文
01101000
密文
+
10100100
金鑰
=
11001100
訊息

令人感到不可思議的「量子纏結」現象

量子纏結還可應用於太空的資訊傳輸

量子密鑰分發的其中一種方法應用了被稱為「量子纏結」（quantum entanglement）的現象。量子纏結是量子論中極為奇特的現象，以下以光子的偏振為例進行說明。光子上下左右方向的偏振在被觀測到以前，上下與左右兩種狀態是可以同時存在的（狀態的共存）。此時，若在特殊條件下製造出兩個光子，就能做到「雖然是共存狀態，但兩個光子的偏振方向一致的狀態」。

如此一來，無論這兩個光子距離多遠，當其中一個光子的偏振方向確定的瞬間，另一個光子的偏振也會確定是同一方向。這種**「2個（以上）物體的觀測結果具有特殊關係，只要其中一方的狀態確定，另一方的狀態也會同時確定」的關係就叫作量子纏結**。

兩個光子構成一種量子狀態的「量子纏結」

右上圖為量子纏結狀態的兩個光子之示意圖。圖中以「纏在一起」的紫線連結著兩個光子來表現量子纏結。一般來說，量子纏結會在2個（以上）物體構成一種量子狀態時成立。量子纏結的存在是愛因斯坦與波多爾斯基（Boris Podolsky，1896～1966）、羅森（Nathan Rosen，1909～1995）在1935年所提出的。

利用量子纏結的特性，便能在太空中藉由人造衛星一起向距離遙遠的兩地分發光子（右下圖的**1**）。若要在地面分享量子纏結狀態的光子（資訊），由於光在傳輸時會衰減，因此必須設置數個中繼點（右下圖的**2**）。

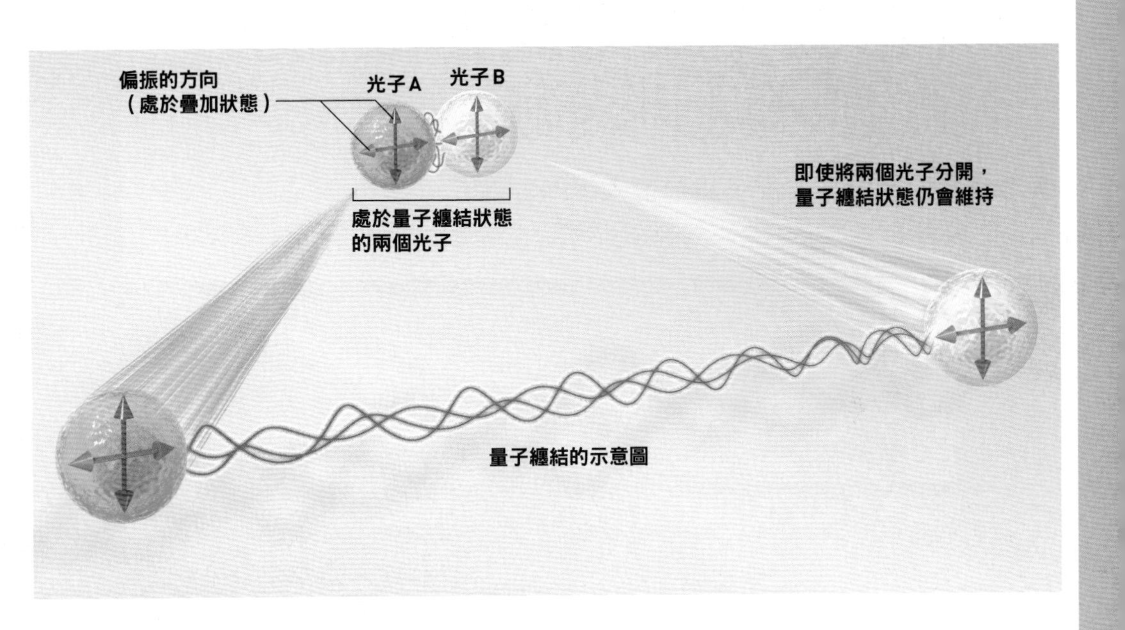

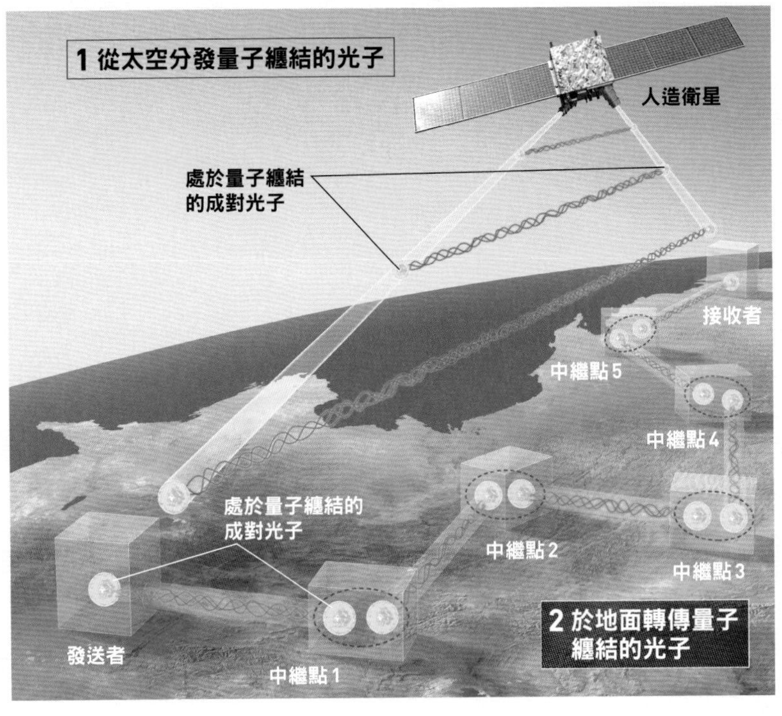

分發量子纏結狀態的光子

中國的研究團隊利用2016年發射的人造衛星「墨子號」，成功做到了中國國內相距1200公里的兩地之間的量子資訊通信。該團隊在2021年1月宣布，人造衛星與地面通信網已建立了約4600公里的量子密碼網路（**1**）。

如果要透過光纖等媒介於地面分享量子纏結的光子（資訊），則需要有中繼點來分享給遠方的接收者（**2**）。

世界各國都在緊鑼密鼓開發 量子論的應用技術

確立至今約100年，量子論已進入了新的時代

量子論是在距今約100年前確立了基礎。如今，量子電腦等領域正積極進行實證實驗；量子纏結等現象也受到控制，因而得以證實。這些進展也被稱為「第二次量子革命」。

第二次量子革命被期待能夠帶來各種創造社會變革的應用技術及創新，因此，**世界各國都正積極開發應用量子論的新技術**。

日本的文部科學省（管理科學、文化、教育等）也在2017年制定了推動「量子科學技術」的藍圖，列舉「量子資訊處理（量子模擬器、量子電腦）」、「極短脈衝雷射」、「量子測量、感測」、「次世代雷射加工」等四個研究領域。

量子測量是指利用電子的旋及光子的量子纏結等性質新測量技術，這或許能促成敏度前所未有的感測器問世或測量超微量物質等。

雷射在製造業大量使用於割、接合等加工，但為何雷能夠切割、接合，其實目前未完全了解其中的機制。若研究清楚，便可預測何種雷適合用於何種材料加工，大提升加工效率。這種技術便為「次世代雷射加工」。

除了以上提到的，目前還有多量子論的應用研究及基礎究正蓬勃發展。量子論會如改變物理學及我們的生活呢就期待今後的研究進展吧。

各國已經展開量子論應用技術的開發競爭

下表彙整了世界各國投入量子論應用技術的狀況，由此可知各國皆投入了高額預算進行研發。

國家、地區	日本	美國	歐盟	英國	中國
政府文書等給予之定位	量子科學技術 ・關係到21世紀所有領域的科學技術發展 ・是強化國際競爭力的根源及平臺	量子科學技術 ・是在質與量方面都為資訊處理、通信等領域帶來重大進步的技術 ・是構成美國在科學上的領導地位及國家安全保障等的重要技術 因此列為優先投資項目	量子科學技術能夠打造出創造長期財富，並對安全保障有貢獻的高競爭力產業	透過對量子科學技術的投資，英國將在數十億英鎊規模新興蓬勃市場中領先全世界	・將量子通信與量子電腦視為「重大科學技術計畫」 ・將量子控制與量子資訊視為「基礎研究之強化」 ・將雷射技術列為尖端技術領域之一
投入狀況	・經濟產業自2018年度展開「高效率、高速處理AI晶片暨次世代運算技術開發事業」（首年度預算約新台幣21億元） ・中央文部科學省2018年度展開為期10年的「光、量子飛躍旗艦計畫（Q-LEAP）」。首年度預算約新台幣5億元	・為了確保美國在量子技術領域的持續領先地位，2018年12月通過了「國家量子倡議法」。2019年起的5年將進行最多13億美元（約新台幣410億元）的投資 ・基於「Science First」的方針，推動研發及人才培育的長期策略	・2018年起展開10億歐元（約新台幣300億元）規模的「Quantum Technology Flagship」計畫 ・歐洲各國同步推動自身的計畫	・2014年2月起進行量子技術領域的研發計畫「UK National Quantum Technologies programme」，5年投資了約2億7000萬英鎊（約新台幣106億元）。該計畫已延長至2024年，將再投資3億1500萬英鎊（約新台幣124億元）	・耗資約70億人民幣（約新台幣308億元）興建「量子信息科學國家實驗室」做為量子技術的核心研究單位 ・率先進行衛星量子密碼的實證等項目，在密碼、通信領域也有大幅成長
著重的技術領域	・量子資訊處理 ・極短脈衝雷射 ・量子測量、感測 ・次世代雷射加工	・量子感測器 ・量子通信 ・量子模擬器 ・量子電腦	・量子通信 ・量子電腦 ・量子模擬器 ・量子感測器、測量	・量子感測器、測量 ・量子成像 ・量子資訊技術 ・量子通信	・量子通信 ・量子電腦 ・量子控制 ・量子資訊 ・雷射技術
其他			雷射領域另外進行研發		

表格參考資料①：日本文部科學省「量子科學技術（光、量子技術）新推動政策報告」

表格參考資料②：日本國立國會圖書館 調查與情報-ISSUE BRIEF-No.1139（2021.3.4）「量子電腦的研發與政策動態」

後記

《量子論》的介紹就到此告一段落。透過本書初次接觸量子論的人是否感受到了一些衝擊呢？

我們生活在巨觀的世界，日常生活中不可能出現物體穿牆、一個人同時走進兩扇門之類的事，因此要接受量子論所帶來的微觀世界的常識或許並不容易。

對量子論的誕生做出了貢獻的愛因斯坦，也曾經從某個時期開始強烈批判量子論的思維。對於該如何詮釋量子論，其實科學界目前也還沒有定論。但量子論依舊是現代物理學的基礎，也是支撐起現代社會的重要力量。

目前世界各國都在進行量子論應用技術的研發。運算速度遠高於超級電腦的「量子電腦」、無法被盜取的「量子密碼」，以及利用「量子纏結」現象的「量子資訊通信」等科技出現在日常生活中的那一天，或許不久後便會到來。

《新觀念伽利略－量子論》「十二年國教課綱自然科學領域學習內容架構表」

第一碼：高中（國中不分科）科目代碼B（生物）、C（化學）、E（地科）、P（物理）＋主題代碼（A～N）＋次主題代碼（a～f）。

主題	次主題
物質的組成與特性（A）	物質組成與元素的週期性（a）、物質的形態、性質及分類（b）
能量的形式、轉換及流動（B）	能量的形式與轉換（a）、溫度與熱量（b）、生物體內的能量與代謝（c）、生態系中能量的流動與轉換（d）
物質的結構與功能（C）	物質的分離與鑑定（a）、物質的結構與功能（b）
生物體的構造與功能（D）	細胞的構造與功能（a）、動植物體的構造與功能（b）、生物體內的恆定性與調節（c）
物質系統（E）	自然界的尺度與單位（a）、力與運動（b）、氣體（c）、宇宙與天體（d）
地球環境（F）	組成地球的物質（a）、地球與太空（b）、生物圈的組成（c）
演化與延續（G）	生殖與遺傳（a）、演化（b）、生物多樣性（c）
地球的歷史（H）	地球的起源與演變（a）、地層與化石（b）
變動的地球（I）	地表與地殼的變動（a）、天氣與氣候變化（b）、海水的運動（c）、晝夜與季節（d）
物質的反應、平衡及製造（J）	物質反應規律（a）、水溶液中的變化（b）、氧化與還原反應（c）、酸鹼反應（d）、化學反應速率與平衡（e）、有機化合物的性質、製備及反應（f）
自然界的現象與交互 作用（K）	波動、光及聲音（a）、萬有引力（b）、電磁現象（c）、量子現象（d）、基本交互作用（e）
生物與環境（L）	生物間的交互作用（a）、生物與環境的交互作用（b）
科學、科技、社會及人文（M）	科學、技術及社會的互動關係（a）、科學發展的歷史（b）、科學在生活中的應用（c）、天然災害與防治（d）、環境汙染與防治（e）
資源與永續發展（N）	永續發展與資源的利用（a）、氣候變遷之影響與調適（b）、能源的開發與利用（c）

第二碼：學習階段以羅馬數字表示，I（國小1-2年級）；II（國小3-4年級）；III（國小5-6年級）；IV（國中）；V（Vc高中必修，Va高中選修）。
第三碼：學習內容的阿拉伯數字流水號。

頁碼	單元名稱	階段/科目	十二年國教課綱自然科學領域學習內容架構表
010	量子論是微觀世界的物理法則	國中/理化	INc-IV-1 宇宙間事、物的規模可以分為微觀尺度與巨觀尺度。 INc-IV-5 原子與分子是組成生命世界與物質世界的微觀尺度。 INc-IV-6 從個體到生物圈是組成生命世界的巨觀尺度。
		高中/物理	PEa-Vc-3 原子的大小約為 10^{-10} 公尺，原子核的大小約為 10^{-15} 公尺。
012	微觀世界與巨觀世界	國中/理化	INc-IV-1 宇宙間事、物的規模可以分為微觀尺度與巨觀尺度。 INc-IV-5 原子與分子是組成生命世界與物質世界的微觀尺度。 INc-IV-6 從個體到生物圈是組成生命世界的巨觀尺度。
		高中/物理	PEa-Vc-3 原子的大小約為 10^{-10} 公尺，原子核的大小約為 10^{-15} 公尺。
016	理解量子論必須知道的兩大重點	高中/物理	PKa-Vc-3 歷史上光的主要理論有微粒說和波動說。 PKd-Vc-1 光具有粒子性。 PKd-Vc-6 光子與電子以及所有微觀粒子都具有波粒二象性。 PKa-Va-10 光有波動的性質。
018	量子論會完全顛覆你原有的常識	高中/物理	PKd-Va-8 依照量子力學解釋，原子內之電子是以機率分布出現，沒有固定的古典軌道。
024	電子及光既是波動也是粒子	高中/物理	PKa-Vc-3 歷史上光的主要理論有微粒說和波動說。 PKa-Vc-5 光除了反射和折射現象外，也有干涉及繞射現象。 PKd-Vc-6 光子與電子以及所有微觀粒子都具有波粒二象性。 PKa-Va-10 光有波動的性質。 PKa-Va-13 光有干涉與繞射的現象。
026	波動究竟是什麼？	國中/理化	Ka-IV-1 波的特徵，例如：波峰、波谷、波長、頻率、波速、振幅。 Ka-IV-2 波傳播的類型，例如：橫波和縱波。
		高中/物理	PKa-Vc-5 光除了反射和折射現象外，也有干涉及繞射現象。 PKa-Va-2 介質振動會產生波。 PKa-Va-5 線性波相遇時波形可以疊加。 PKa-Va-13 光有干涉與繞射的現象。
028	光和波動其實是同一種東西	高中/物理	PKa-Vc-3 歷史上光的主要理論有微粒說和波動說。 PKa-Vc-5 光除了反射和折射現象外，也有干涉及繞射現象。 PKd-Vc-6 光子與電子以及所有微觀粒子都具有波粒二象性。 PKa-Va-10 光有波動的性質。 PKa-Va-13 光有干涉與繞射的現象，其亮紋和暗紋決定於相位差。

030	光的顏色不同是因為「波長」不同	國中/理化	Ka-IV-2 波傳播的類型，例如：橫波和縱波。 Ka-IV-10 陽光經過三稜鏡可以分散成各種色光。
		高中/物理	PKa-Va-1 力學波須透過介質來傳播，但光可在真空中傳播。 PKc-Vc-6 電磁波包含低頻率的無線電波，到高頻率的伽瑪射線在日常生活中有廣泛的應用。 PKc-Va-15 平面電磁波的電場、磁場以及傳播方向互相垂直。
032	「光是波動」所無法解釋的現象	國中/理化	Mb-IV-2 科學史上重要發現的過程，以及不同性別、背景、族群者於其中的貢獻。
		高中/物理	PKd-Vc-1 光具有粒子性，光子能量 $E=h\nu$。 PKd-Va-4 愛因斯坦分析光電效應，提出光量子論。
034	光也具有粒子的性質	國中/理化	Mb-IV-2 科學史上重要發現的過程，以及不同性別、背景、族群者於其中的貢獻。
		高中/物理	PKd-Vc-1 光具有粒子性，光子能量 $E=h\nu$，與其頻率 ν 成正比。 PKd-Va-4 愛因斯坦分析光電效應，提出光量子論。 PMc-Vc-4 近代物理科學的發展，以及不同性別、背景、族群者於其中的貢獻。
036	光究竟是波動？或是粒子？	國中/理化	PKa-Vc-3 歷史上光的主要理論有微粒說和波動說。 PKd-Vc-1 光具有粒子性。 PKd-Vc-6 光子與電子以及所有微觀粒子都具有波粒二象性。 PKa-Va-10 光有波動的性質。
038	夜空中的星星、晒黑的皮膚，與光的關係	高中/物理	PKd-Vc-1 光具有粒子性。
040	探究原子真正的樣貌	國中/理化	Mb-IV-2 科學史上重要發現的過程，以及不同性別、背景、族群者於其中的貢獻。
		高中/物理	PKc-Vc-2 原子內帶負電的電子與帶正電的原子核以電力互相吸引，形成穩定的原子結構。
042	正電會集中於原子的中心	國中/理化	Mb-IV-2 科學史上重要發現的過程，以及不同性別、背景、族群者於其中的貢獻。
		高中/物理	PKd-Va-6 拉塞福提出正電荷集中在核心，電子分布在外的原子模型。 PKe-Va-2 不穩定的原子核會經由放射性衰變釋放能量或轉變為其他的原子核。
044	把電子換成光來思	高中/物理	PKa-Vc-1 波速、頻率、波長的數學關係。 PKd-Vc-1 光具有粒子性，光子能量 $E=h\nu$，與其頻率 ν 成正比。 PKd-Vc-6 光子與電子以及所有微觀粒子都具有波粒二象性。 PKd-Va-5 德布羅意提出物質波理論：物質都具有波與粒子的二象性，並經實驗驗證。
046	電子在軌道上以波的形態存在	高中/物理	PKa-Va-6 兩個振幅、波長、週期皆相同的波相向行進會經由干涉形成駐波。 PKd-Va-7 波耳假設角動量的量子化，提出氫原子模型，成功解釋氫原子光譜。 PKd-Va-8 依照量子力學解釋，原子內之電子是以機率分布出現，沒有固定的古典軌道。
048	電子在軌道上移動的機制	高中/物理	PKd-Vc-4 能階的概念。
056	電子的波動性質終於真相大白！	高中/物理	PKd-Vc-5 電子的雙狹縫干涉現象與其波動性。 PKd-Vc-6 光子與電子以及所有微觀粒子都具有波粒二象性。
060	「電子的波動」是怎樣的波	高中/物理	PKd-Vc-5 電子的雙狹縫干涉現象與其波動性。 PKd-Va-8 依照量子力學解釋，原子內之電子是以機率分布出現，沒有固定的古典軌道。
062	電子會「分身」同時存在於各個地方	高中/物理	PKd-Va-8 依照量子力學解釋，原子內之電子是以機率分布出現，沒有固定的古典軌道。
064	「觀察前」為波動，「觀察到的瞬間」變為粒子	高中/物理	PKd-Vc-6 光子與電子以及所有微觀粒子都具有波粒二象性。
066	一個電子會通過兩道狹縫	高中/物理	PKd-Vc-6 光子與電子以及所有微觀粒子都具有波粒二象性。
070	歧異最大的量子論詮釋	高中/物理	PKd-Va-8 依照量子力學解釋，原子內之電子是以機率分布出現，沒有固定的古典軌道。
076	電子的位置與運動方向無法同時確定	高中/物理	PEb-Va-10 質點的動量等於質點的質量乘以速度。 PKd-Vc-6 光子與電子以及所有微觀粒子都具有波粒二象性。

<table>
<tr><td>084</td><td>因穿隧效應導致的原子核衰變</td><td>高中/物理</td><td>PKe-Va-1 質子和中子可組成結構穩定以及不穩定的原子核。
PKe-Va-2 不穩定的原子核會經由放射性衰變釋放能量或轉變為其他的原子核。</td></tr>
<tr><td>090</td><td>無中生有</td><td>高中/物理</td><td>PKe-Va-2 不穩定的原子核會經由放射性衰變釋放能量或轉變為其他的原子核。</td></tr>
<tr><td rowspan="2">094</td><td rowspan="2">量子論扮演了物理學與化學的橋樑</td><td>國中/化學</td><td>Aa-IV-4 元素的性質有規律性和週期性。
Mb-IV-2 科學史上重要發現的過程，以及不同性別、背景、族群者於其中的貢獻。</td></tr>
<tr><td>高中/化學</td><td>CAa-Va-5 元素的電子組態和性質息息相關，且可在週期表呈現出其週期性變化。
CAa-Vc-3 元素依原子序大小順序，有規律的排列在週期表上。</td></tr>
<tr><td>096</td><td>量子論清楚解釋了週期表的意義</td><td>高中/化學</td><td>CAb-Va-4 週期表中的分類。
CMb-Vc-1 近代化學科學的發展，以及不同性別、背景、族群者於其中的貢獻。
CMb-Va-1 化學發展史上的重要事件、相關理論發展及科學家的研究事蹟。</td></tr>
<tr><td rowspan="2">098</td><td rowspan="2">量子論也解釋了原子結合的機制</td><td>國中/化學</td><td>Cb-IV-2 元素會因原子排列方式不同而有不同的特性。</td></tr>
<tr><td>高中/物理</td><td>PKd-Va-8 依照量子力學解釋，原子內之電子是以機率分布出現，沒有固定的古典軌道。</td></tr>
<tr><td>100</td><td>量子論也說明了固體的性質</td><td>高中/物理</td><td>PKd-Vc-4 能階的概念。</td></tr>
<tr><td rowspan="2">102</td><td rowspan="2">量子論也可以解釋力的機制</td><td>國中/理化</td><td>Eb-IV-13 對於每一作用力都有一個大小相等、方向相反的反作用力。</td></tr>
<tr><td>高中/物理</td><td>PKe-Vc-2 單獨的中子並不穩定，會透過弱作用（或弱力）自動衰變成質子及其他粒子。
PKe-Vc-3 自然界的一切交互作用可完全由重力、電磁力、強力、以及弱作用等四種基本交互作用所涵蓋。</td></tr>
<tr><td>120</td><td>以量子論為基礎的「原子鐘」準確度不同凡響</td><td>高中/物理</td><td>PKd-Vc-1 光具有粒子性，光子能量 $E=hv$，與其頻率 v 成正比。
PKd-Vc-4 能階的概念。
PEa-Vc-1 科學上常用的物理量有國際標準單位。
PEa-Vc-2 因工具的限制或應用上的方便，許多自然科學所需的測量，包含物理量，是經由基本物理量的測量再計算而得。</td></tr>
<tr><td>122</td><td>「雷射」也是量子論的產物</td><td>高中/物理</td><td>PKd-Vc-4 能階的概念。</td></tr>
<tr><td>124</td><td>因量子論而有重大突破的半導體已是當今社會的必需品</td><td>高中/物理</td><td>PKd-Vc-2 光電效應在日常生活中之應用。
PMc-Va-2 電路、光電效應的應用。</td></tr>
<tr><td>128</td><td>次世代的運算機器「量子電腦」</td><td>高中/科技</td><td>資 A-V-2 重要演算法的概念與應用。
資 A-V-3 演算法效能分析。
資 D-V-1 巨量資料的概念。</td></tr>
<tr><td>130</td><td>量子電腦擅長哪些運算</td><td>高中/科技</td><td>資 A-V-2 重要演算法的概念與應用。
資 A-V-3 演算法效能分析。
資 D-V-1 巨量資料的概念。</td></tr>
<tr><td>132</td><td>無法監聽偷窺！「量子密碼」將成為資安的關鍵</td><td>高中/物理</td><td>PKd-Vc-6 光子與電子以及所有微觀粒子都具有波粒二象性。</td></tr>
<tr><td>134</td><td>雖然傳統卻可靠的「弗納姆加密法」</td><td>高中/科技</td><td>資 A-V-2 重要演算法的概念與應用。
資 A-V-3 演算法效能分析。</td></tr>
<tr><td rowspan="2">136</td><td rowspan="2">令人感到不可思議的「量子纏結」現象</td><td>國中/理化</td><td>Mb-IV-2 科學史上重要發現的過程，以及不同性別、背景、族群者於其中的貢獻。</td></tr>
<tr><td>高中/物理</td><td>PMc-Vc-4 近代物理科學的發展，以及不同性別、背景、族群者於其中的貢獻。</td></tr>
<tr><td>138</td><td>世界各國都在緊鑼密鼓開發量子論的應用技術</td><td>國中/科技</td><td>生 A-IV-6 新興科技的應用。</td></tr>
</table>

Staff

Editorial Management　木村直之
Cover Design　岩本陽一
Design Format　宮川愛理
Editorial Staff　小松研吾，佐藤貴美子

Photograph

51　peterschreiber.media/stock.adobe.com
112〜113　henk bogaard/stock.adobe.com
125　【チャンドラ】NASA
130〜131　【背景】TechSolution/stock.adobe.com,【データ探索】Elena Abrazhevich/stock.adobe.com,【セキュリティ】Song_about_summer/stock.adobe.com,【量子化学計算】Anusorn/stock.adobe.com
138〜139　knssr/stock.adobe.com

Illustration

表紙カバー　Newton Press
表紙　Newton Press
2，7　Newton Press
9〜11　Newton Press，協力（株）東京ドーム
12〜19　Newton Press
20〜21　浅野 仁
23〜27　Newton Press
28　山本 匠
28〜43　Newton Press
44　山本 匠
44〜47　Newton Press
47　山本 匠
48〜51　Newton Press
53〜67　Newton Press
68　山本 匠
68〜71　Newton Press
71　山本 匠
72〜77　Newton Press
77　山本 匠
78〜81　Newton Press
80　山本 匠
82〜91　Newton Press
93〜107　Newton Press
108〜109　吉原 成行，Newton Press
110〜111　奥本裕志
113〜117　Newton Press
119〜129　Newton Press
132〜137，141　Newton Press

【新觀念伽利略 2】

量子論
改變人類社會的新技術由此而生

作者／日本Newton Press
執行副總編輯／王存立
翻譯／甘為治
特約編輯／洪文樺
發行人／周元白
出版者／人人出版股份有限公司
地址／231028 新北市新店區寶橋路235巷6弄6號7樓
電話／（02）2918-3366（代表號）
傳真／（02）2914-0000
網址／www.jjp.com.tw
郵政劃撥帳號／16402311 人人出版股份有限公司
製版印刷／長城製版印刷股份有限公司
電話／（02）2918-3366（代表號）
香港經銷商／一代匯集
電話／（852）2783-8102
第一版第一刷／2024年2月
定價／新台幣380元
　　　港幣127元

國家圖書館出版品預行編目（CIP）資料

量子論：改變人類社會的新技術由此而生
日本Newton Press作；
甘為治翻譯. -- 第一版. --
新北市：人人出版股份有限公司, 2024.02
面； 公分. —（新觀念伽利略：2）
ISBN 978-986-461-369-4（平裝）
1.CST：量子力學

331.3　112021392

14SAI KARA NO NEWTON CHO EKAI BON
RYOSHIRON
Copyright © Newton Press 2022
Chinese translation rights in complex characters arranged with Newton Press through Japan UNI Agency, Inc., Tokyo
www.newtonpress.co.jp

●著作權所有・翻印必究●